# 九型人格
## ENNEAGRAM

邓兮◎编著

中国纺织出版社有限公司

国家一级出版社
全国百佳图书出版单位

# 内 容 提 要

九型人格源于古老的人类智慧，是一种深层次了解人的方法和学问，是我们了解自我、洞悉他人的秘诀，九型人格理论将人与生俱来的性格概括为九种类型——完美者、给予者、实干者、浪漫者、观察者、忠诚者、享乐者、保护者与和平者。

本书从心理学的角度入手，揭示了人类九种截然不同的性格。阅读本书、掌握了九型人格心理学，就能了解自己、了解他人，从而提升自己、提升人际交往能力，开启全新的人生。

## 图书在版编目（CIP）数据

九型人格 / 邓兮编著. —北京：中国纺织出版社有限公司，2019.7（2021.5重印）
ISBN 978-7-5180-6229-4

Ⅰ.①九… Ⅱ.①邓… Ⅲ.①人格心理学—通俗读物
Ⅳ.①B848-49

中国版本图书馆CIP数据核字（2019）第098617号

责任编辑：闫　星　　特约编辑：李　杨　　责任印制：储志伟

中国纺织出版社有限公司出版发行
地址：北京市朝阳区百子湾东里A407号楼　邮政编码：100124
销售电话：010—67004422　传真：010—87155801
http://www.c-textilep.com
E-mail：faxing@c-textilep.com
中国纺织出版社天猫旗舰店
官方微博http://weibo.com/2119887771
三河市延风印装有限公司印刷　　各地新华书店经销
2019年7月第1版　2021年5月第5次印刷
开本：880×1230　1/32　印张：5
字数：126千字　定价：39.80元

我们都知道，人类是社会性动物，我们每个人每天都要花大量的时间与周围形形色色的人打交道，而在这一过程中，我们发现，一些人让你感到积极向上，一些人却让你觉得生活处处是阴暗；一些人让你感到"话不投机半句多"，一些人却能让你大呼"相见恨晚"。再如，有些人天性爱热闹，有些人却宁愿独处；有些人行事风风火火，有些人却懈怠懒散；有些人甘愿屈居人后，有些人却力争上游……

可能我们大部分人都曾产生过这些疑问，实际上，老实说，我们并不了解周围的人，也不知道对方到底在想什么，甚至也不了解自己。而要解除这些困惑，我们可以从九型人格入手。那么，什么是九型人格呢？

九型人格又名性格型态学、九种性格，是婴儿时期人身上的九种气质。它能帮助我们了解人类不同的个性与特质，是探索人与人相处之道的学问。目前这套学问已广泛应用于各个领域。具体来说，九型人格可以分为：

第一型：完美者

他们追求完美，自律性很强，能自我控制，总是力图保持高的标准和质量。健康状态下的一号能作出正确的判断、明智的决定，是个负责人的人。但不健康状态下的一号则会显得过于批判，无论大小事都插手，容易作出令人丧气的批评。

### 第二型：给予者

他们对他人的需要很敏感，总是试图满足他人的需要，他们为人慷慨、有爱心，懂得欣赏他人的才能，擅长与人交际，能帮助团队建立更紧密的关系；但不健康状态的二号则蛮横无理，操纵性强，对人有过分的要求。

### 第三型：实干者

三号是个有野心的号码，他们注意力集中、有能力、有干劲、精力充沛，通常是职场上的工作狂。他们喜欢与人竞争，但常常因为想吸引他人注意而走捷径，甚至不择手段。在最佳状态时，他们变得很有才华，令人钦佩，经常被人们看作是鼓舞士气的模范。

### 第四型：浪漫者

四号是个有艺术才能的号码，四号性格者有自我悲情心理，自我吸引，情绪变化无常，对批评过度敏感；但健康状态下的四号爱反省，是有艺术才能的类型。能将直觉力和创造力带到工作中来，并用他们有深度和独特的感觉改善工作，他们会欣赏其他的各种性格。

### 第五型：观察者

五号是个性格古怪的号码。五号性格者好争论、求知欲强、创新、注重隐私。他们好致力于理论性的研究、探索、发现，是精力充沛的学习者和实验家，特别是在专业技术领域。他们不健康时可能会变得傲慢，不同他人作沟通，并经常会有思想上的斗争。他们处于最佳状态时，会变得非常有远见，能够将全新的理念带到工作中。

### 第六型：忠诚者

六号很讨人喜欢，他们很有责任心，依赖权威却又怀疑权威。面对异己者时，他们容易陷入强忍／攻击的矛盾中，因而变得优柔寡断，甚至过分谨慎。他们在最佳状态时，谨慎且很有信心，独立，有勇气，往往可以将团队带回到其根本价值上。

第七型：享乐者

快乐是七号毕生的追求，他们乐观向上、积极主动，但同时也易冲动、精力易分散，是有才艺、乐观的类型。在多变、刺激性的环境中，他们能充分发挥自己的优势，并且做事非常有效率，但他们很难做到坚持，精力不集中，许多工作都会半途而废。

第八型：保护者

八号是一个有力量的号码。他们自信、有权威、果断，但同时也常表现出倔强、对抗的特性。八号性格者很清楚自己要想做什么，在困难面前，他们能做到越挫越勇，克服当中的困难。但在不健康时他们会威胁他人按照他们的方式行事，在企业内部和外部树立不必要的敌人。

第九型：和平者

九号又被称为和事佬，他们接受能力强，可以信任。他们最渴望看到的就是团队的和谐。工作与生活中，他们支持、包容他人，能与他人共同工作。不健康时，他们的工作会变得没有效率，固执，疏忽。在他们的最佳状态时，他们能够协调差异，将人们聚集到一起，创造一个稳定且有活力的环境。

当然，九型人格理论所描述的九种人格类型，并无优劣之分，只不过是不同类型的人回应世界的方式具有可被辨识的根本差异而已。对以上九型人格的了解和分析，可以帮助我们洞彻人们的各种行为动因，发现他人根本的需求和渴望，帮助我们有效地应对人际关系，提升我们人生的幸福指数和成功指数。

编著者

2019年2月

# 目录

# 第 1 章

## 什么是九型人格，揭开九型人格的心理面纱

　　九型人格，又名性格型态学、九种性格，是婴儿时期人身上的九种气质。它近年来备受美国斯坦福等国际著名大学MBA学员推崇，并成为现今最热门的课程之一，近十几年来已风行欧美学术界及工商界。现实生活中，我们若能学习、了解九型人格的特征并运用到生活中，便能有效地与人沟通、打交道，进而轻松达到我们的目的。

# 什么是九型人格

　　我们都知道，我们所生活的集体和社会，是由众多的个体组成的，个体有着各异的性格类型，也展现出不同的个性特点。为此，在社会生活中，我们在与人打交道的过程中，对于了解他人内心难免多了不少困难。不过，庆幸的是，人类总是能找到解决困难的办法。在中国古典小说《水浒传》中，作者施耐庵就以另一种方式为我们呈现了一百零八条好汉的不同性格。现代社会，在美国斯坦福大学等知名高校内，也开设了一门热门的应用心理学、性格学以及个人潜能训练的课程——九型人格。

　　对于"九型人格"这一定义，我们可以先通过下面的例子稍作了解：

　　一天，当某餐厅的顾客都在用餐时，一名年轻的贵妇抱了一只名贵的狗进来，对于她的这一举动，不同类型的人可能就会有不同的反应。

　　甲可能会想："这个女主人太自私了，餐厅是公共场合，而且是用餐的地方，带宠物进来，太不卫生了。"

　　而乙的反应可能是：看见狗后立即走远，尽可能远离宠物，这并不是因为他讨厌狗，而是他的自我保护意识很强，他并不清楚这条狗的秉性，万一这只狗突然发狂就糟糕了，所以还是小心为妙。

　　而丙看到这么可爱的狗，可能忍不住上前去逗逗它。

从生活中大家已经司空见惯的一件事，我们可以得出一点：不同类型的人即时的想法及感受竟然会有那么大的差异！这正是因为他们的性格导致的，"内因"不同，导致他们拥有不同的"世界观"，对每一事一物均有着不同的着眼点、不同的理解方式。

关于九型人格，有一套古老的学说，这套学说中包含传统智慧及现代心理学的性格分析，甚至涉及哲学层面之体验。这个学说依照一个九型图，把人的性格分为九个类型，九个类型又归纳为"情感、思考、直觉"三个智慧区域，主导着人们的思维模式。

那么，什么是九型人格呢？

九型人格（Enneagram）又名性格型态学、九种性格，是婴儿时期人身上的九种气质。近十几年来已风行欧美，全球500强企业的管理阶层均有研习九型性格，并以此培训员工，建立团队，提高执行力。

第一型完美主义者（The Reformer）：追求完美者、原则和秩序的捍卫者、改进型。

第二型助人者（The Helper）：博爱型、成就他人者、助人型、爱心大使。

第三型成就者（The Achiever）：实干家、实践者、成就者。

第四型艺术型（The Individualist）艺术家、自我主义者、浪漫型。

第五型智慧型（The Investigator）：观察者、思考型、理智型。

第六型忠诚型（The Loyalist）：谨慎型、忠诚者、寻求安全者。

第七型快乐主义型（The Enthusiast）：享乐主义者、创造者。

第八型领袖型（The Challenger）：天生的领袖、挑战者、权威型。

第九型和平型（The Peacemaker）：和平主义者、追求和谐型、平淡型。

根据这套学说，我们就能解释例子中的甲乙丙的不同反应了；也就能明白，在我们的生活中，为什么有些人总是那么勇敢、勇往直前，为什么有些人则宁愿原地踏步，为什么有些人总希望能成为人群中的焦点，而有些人则好像浑身长满了刺、对他人保持较高的警惕性等。

九型人格是一种对人进行深层次探究的方法和学问，它的最卓越之处就是能通过人的外在表现直击人的内心世界，发现每个人的最真实、最根本的需求和渴望。因此，如果我们能掌握这一个方法，那么，我们便掌握了了解人的秘籍，我们就能用最有效的方法对应他人，最终帮助我们达成目的，赢得成功。

当然，九型人格理论所描述的九种人格类型，并没有好坏之别，只不过是不同类型的人回应世界的方式具有可被辨识的根本差异而已。

# 九型人格的不同心理特点

我们都知道，生活中，就同一件事，不同性格的人会有不同反应，而人们之所以会有不同的反应，是受其内在因素决定的，也是他们不同心理特点的一种外显。举个很简单的例子，在工作中，同样是被上司批评，不同的人会有不同的想法：一些人会及时反省，找自己的原因；一些人却会认为是上司挑剔、找茬；也有一些人会顾左右而言他，尽量给自己找借口逃避。

的确，九型人格揭示的就是人们内在最深层的价值观和注意力焦点，它不受外在行为的变化所影响，是人类认识自己、了解他人的科学理论，是我们生活、工作中随处可以充分使用的实用工具。

具体来说，九型人格的不同心理特点具体表现为：

第一型完美主义者：爱劝勉教导，逃避表达忿怒，相信自己每天有干不完的事。

第二型助人者：爱报告事实，逃避被帮助，忙于助人，否认问题存在。

第三型成就者：爱数说自己成就，逃避失败，按着长远目标过活。

第四型艺术型：爱讲不开心的事，易忧郁、妒忌，生活追寻感觉好。

第五型智慧型：爱观察、批评，把自己抽离，每天有看不完的书。

第六型忠诚型：爱和平讨论，惧怕权威，传统可给予其安全感，害怕成就、逃避问题。

第七型快乐主义型：爱讲自己的经验，喜欢制造开心，人生有太多开心的事情等着他。

第八型领袖型：爱命令，说话大声、有威严，有报复心理、爱辩论，靠意志来掌管生活。

第九型和平型：爱调和，做事缓慢，易懒惰、压抑，生活追寻舒服。

关于掌握不同人的性格特点的作用，我们不妨先来看下面一个故事：

茵茵已经28岁了，也加入了大龄单身女青年的相亲大潮中，然而，几乎每周都要接受相亲安排的她，直到半年后还是没有找到心仪的对象。其实，每次刚开始接触时，她都觉得对方不错，相处下来却发现不合适，为此，亲朋好友都说茵茵太挑剔了，再这样下去，真的要单身一辈子了。

其实，茵茵自己心里明白，自己喜欢的是那种具有感染力的男士，他总是能面带微笑，每天有说不完的开心的事，她觉得这样的人才能弥补自己冷漠的性格特点。可是，她太不会看人了。怎么办呢？

后来，茵茵想到了自己学心理学的表姐，识人察人是表姐的强项，相亲时，带上表姐，把握应该更大。

于是，在接下来的几场相亲活动中，茵茵都让表姐坐在暗处为自己把关。半个月下来，表姐对茵茵说："这些人其实外在条件都不错，但都不大适合你，你喜欢开朗活泼的，而他们都太严肃了，一场相亲活动，搞得好像是商务谈判似的。不过你注意没，昨天那个小伙子还不错哦，我记得他谈到过自己在进入职场之初的一些糗事，他愿意把自己丢脸的事拿出来说，还表现得很无所谓，我想他应该比较大度吧。对了，他后来联系你没？"

"给我打电话了，他的确不错，可是我觉得他的条件好像不怎么样。"茵茵如实地道明了自己的顾虑。

"傻姑娘，又不是让你现在和他结婚，你可以试着交往看看。再说，那些有钱人你也不是没相过，你不都看不上吗？"听完表姐的话，茵茵觉得很有道理。于是，她决定和这位乐观向上的男士交往看看。

而现在，他们已经进入了热恋，而她，也很感激当初表姐给自己的建议。

这则故事中，茵茵是如何找到自己合适的另一半的？缺乏识人经验的她求助了自己的表姐。她的表姐不愧是专业人士，通过相亲对象的谈吐，便轻松地对他们有了大致的了解，最终，茵茵开始了自己的幸福生活。

从这个故事中，我们也发现，了解九型人格的心理特点，并不是为了揣度别人的心思，而是为了更好地了解别人、与别人相处。当然，这里，我们只是简单地介绍一下九个性格号码的基本特征。在后面的章节中，我们将会对各个性格号码作详细的说明。

可见，了解九型人格的不同心理特点，并熟练掌握鉴定九型人格的实用技能和方法，能帮助我们发现自我、洞察他人，从而更高效、更有针对性地解决职场、商场、情场和家庭等领域的问题。

## 九型人格的不同心理需求

我们都知道，"九型人格"中的每一种人对这个世界的看法都是不一样的。但对我们自身来说，即使我们了解了九型人格的性格特点，也并不一定知道别人的看法。通常来说，我们只是根据自己的看法来判断他人的思想，了解九型人格的目的，就是帮助我们读人，去感受他人的思想，从而更好地与人打交道。因此，我们除了要了解人的性格外，还要了解他们的心理需求。这能帮助你对他人的处境有更多了解，从而设身处地为他人着想，真正做到在说话、做事上都深入人心。

人生在世，我们都有各种各样的需求，对此，社会心理学家马斯洛提出需求层次理论，并将人的需求分为五种，像阶梯一样从低到高，按层次逐级递升，分别为：生理上的需求，安全上的需求，情感和归属的需求，尊重的需求，自我实现的需求。从这里，我们可以看出，人的心理需求应该是更高层次上的需求。具体说来，九型人格的心理需求可以分别归类为：

第一型完美型：希望自己做得对，不允许自己的行为有偏差；

第二型助人型：希望爱护他人，也被人爱护；

第三型成就型：希望成功并受人敬仰；

第四型自我型：忠于自我；

第五型理智型：希望自己成为某一方面的专家；

第六型忠诚型：希望自己能够达到他人对自己的期望；

第七型快乐主义型：喜欢变幻；

第八型领袖型：希望自己坚强并能控制住自己的处境；

第九型和平型：大家好就是真的好。

通过以上统计，我们不难得知，当我们用其他性格类型的人的眼睛来看待周围的人时，我们会发现，没有哪一种性格是完美无缺的，不同性格的人有着不同的心理需求。如果我们能看透人们表面的喜怒哀乐，进入人心最隐秘之处，发现人的最真实、最根本的需求和渴望，那么，我们就能成功地与不同性格的人打交道。

# 九型人格的基本特征介绍

前面章节中，我们已经提及，九型人格这一学问已经被广泛地运用到现代社会的各个领域中；另外，知己才能知彼，了解我们自身的性格特点，不仅能帮助我们更精准地定位自己、提升和完善我们自身，而且能帮助我们更好地与人交际。

那么，具体来说，九型人格的基本特征有哪些呢？

第一型——完美主义者（完美型）

这类人追求完美，他们经常告诉自己"还不够完美"，经常不满足自己的表现，容易有负担。他们很难尽情享受，然而，想要做好一件事情，就必须放松心情。

一般的完美主义者有以下特质：

温和友善、忍耐、有毅力、守承诺、贯彻始终、爱家顾家、守法、有影响力的领袖、喜欢控制、光明磊落、对人对事无懈可击。

第二型——热心助人型（奉献型）

这类人很在意别人的感情和需要，他们把对人亲切视为赢得他人好感的手段。因此，他们对人十分热心，乐于助人，看到别人接纳自己的帮助和爱，才会觉得自己活得有价值。一旦得不到别人善意的回报，就会气愤地说"我对你这么好，你竟然不领情"，并感到不满与不舒服。

一般的热心助人型有以下特质：

温和友善、随和、绝不直接表达需要、婉转含蓄、好好先生/小姐、慷慨大方、乐善好施。

第三型——成功追求者（奋进型）

这类人是典型的野心家，不断地追求进步，希望与众不同，受到别人的注目、羡慕，成为众人的焦点。但他们往往太过于讲求效率，为达到目的，甚至会不择手段、不顾自己与别人的立场。这种人不重视自己的感情世界，对于空虚、无奈、温柔等会妨碍效率的种种感情，像机器人一般视若无睹。

一般的成功型人物有以下特质：

自信、活力充沛、风趣幽默、满有把握、处世圆滑、积极进取、形象美丽。

第四型——浪漫主义者（浪漫型）

浪漫型的人很珍惜自己的爱和情感，所以想好好地滋养它们，并用最美、最特殊的方式来表达。他们想创造出与众不同的形象和作品，所以不停地自我察觉、自我反省以及自我探索。

一般的浪漫型有以下特质：

容易情绪化，喜欢追求艺术性和浪漫性的事物，爱幻想，认为只有悲剧性事物才是最美的和真实的，他们有极强的审美能力，对衣着和需要搭配性的事物都有自己独特的见解，具有创造力，但常表现出消沉和沮丧的情绪。

第五型——智能追寻者（哲思型）

智能型人物喜欢汲取知识，以此来了解环境、面对周遭的事物。他们想找出事情的脉络与原理，以作为行动的准则。有了知识，他们才敢行动，才会有安全感。

一般的智能型有以下特质：

温文儒雅、有学问、条理分明、表达含蓄、拙于辞令、沉默内向、冷漠疏离、欠缺活力、反应缓慢、隔岸观火。

第六型——固守忠诚者（忠诚型）

忠诚型人物相信权威、跟随权威的引导行事，然而另一方面又容易反权威，性格充满矛盾。他们的团体意识很强，需要亲密感，需要被喜爱、被接纳并得到安全的保障。

一般的忠诚型有以下特质：

忠诚、警觉、谨慎、机智、务实、守规、纪律维持者。

第七型——乐天主义者（享乐型）

享乐型人物想过愉快的生活，想创新、自娱娱人，渴望过比较享受的生活，把人间的不美好化为乌有。他们喜欢投入体验快乐及情绪高昂的世界，所以他们总是不断地寻找快乐、体验快乐。

一般的享乐型有以下特质：

快乐热心、不停活动、不停获取、怕严肃认真的事情、多才多艺、对玩乐的事非常熟悉亦会花精力钻研、不惜任何代价只要快乐、以嬉笑怒骂的方式对人对事、健谈。

第八型——能力领袖型（领袖型）

领袖型人物是绝对的行动派，一碰到问题便马上采取行动去解决。想要独立自主，一切靠自己，依照自己的能力做事，要建设前不惜先破坏，想带领大家走向公平、正义。

一般的领袖型有以下特质：

具有攻击性、自我中心、轻视懦弱、尊重强人、为受压迫者挺身而出、冲动、有什么不满意即当场发作、主观、直觉。

第九型——和平追随者（和平型）

九型的人往往自卑。他们认为自己没有多大的价值，也不是重要的人物。不爱自己，对自己的决定没有信心，想从别人身上得到力量。

一般的和平型有以下特质：

温和友善、忍耐、随和、怕竞争、无法集中注意力，有时像梦游、不到最后一分钟不会完工、非常倚赖别人的提醒、注意力集中在细节或次要的事上、对大多数事物没有多大的兴趣、不喜欢被人支配、绝不直接表达不满，只是阳奉阴违。当有压力时，会变得被动、倔强、顽固甚至愤怒地还击，到他们发怒时，可能已相隔了一段时间，他们自己也可能无法确定真正的原因。

# 检验你的人格类型

我们都知道，人格被分为九型，而你必然属于其中一型。那么，我们该怎么检验自己属于那种人格类型呢？对此，我们不妨来做一些测试题：

（1）下面有108道称述，每道称述后面所指向的数字就是"九型"中的一种。

（2）如果你认为某项称述符合你，便记住后面所指向的数字。

（3）统计相加，看你符合的称述指向的数字哪种最多。最多的数字很有可能就是你的类型号。

①我常常被眼前的事迷惑——9

②我很讨厌被人批评，但这样的事经常发生——1

③我喜欢向别人讲述一些哲理——5

④对于自己的年龄问题我很在意，因为老了还怎么找乐子——7

⑤我认为人应该一切靠自己——8

⑥当我有困难时，我会试着不让人知道——2

⑦我最害怕的是被人误解——4

⑧施比受会给我更大的满足感——2

⑨我会经常因为担心事情变得更糟糕而让自己感到苦恼——6

⑩我常常试探或考验朋友、伴侣的忠诚——6

⑪那些不坚强的人实在没用——8

⑫我很在意身体上是否舒适——9

⑬我觉得我能触碰生活中的悲伤和不幸——4

⑭别人不能完成他的分内事，会令我失望和愤怒——1

⑮我有时常拖延事情的毛病——9

⑯我觉得生活就应该多彩一点——7

⑰我还不够完美——4

⑱我关注自己的外表，喜欢漂亮的衣服，而且喜欢美食，并且喜欢玩乐——7

⑲如果别人请教我，我会很清楚地为他解释、分析——5

⑳在陌生人面前，我很喜欢自我表现，这让我感到快乐——3

㉑偶尔我会做出一些在大家看来很疯狂的事——7

㉒我会因为没有帮上别人的忙而痛苦——2

㉓那些空泛的问题实在令人讨厌——5

㉔在某方面我有放纵的倾向（如食物，购物等）——8

㉕我宁愿迁就我的爱人、家人，而不愿和他们对抗——9

㉖我认为，我最讨厌的一类人是虚伪的人——6

㉗我认为自己是个懂得改正的人，但因为我很好强，还是让周围的人觉得不适——8

㉘我觉得人生很有趣，很少显得颓废——7

㉙我是个矛盾的人，有时候我认为自己很有魄力，有时候又觉得自己依赖性太强——6

㉚人际交往中，我宁愿付出，而不是接受——2

㉛面临威胁时，我会变得焦虑，但同时我也会选择正面迎击危险——6

㉜社交场合，我更愿意他人来主动找我说话——5

㉝我喜欢周围的人注意我，把我当主角——3

㉞即使别人批评我，为了不伤和气，我一般不辩解——9

㉟有时，我希望别人能对我的行为提出指导，但有时会忘了他人的指导——6

㊱我经常忘记自己的需要——9

㊲发生一些大事时，我能克服内心的焦虑和质疑——6

㊳我认为自己说话很有说服力——3

㊴我从不相信我认识不深的人——9

㊵我觉得还是依照老规矩行事好——8

㊶我很爱我的家人，我对他们很包容——9

㊷我被动而优柔寡断——5

㊸我对人很礼貌，但不知道为什么总是不能与人深交——5

㊹我觉得自己不大会说话，即使关心别人也不知道怎么开口——8

㊺当我醉心于工作或者我的爱好中时，会让他人觉得我疯狂、冷酷——6

㊻我常常保持警觉——6

㊼我觉得我不必要对所有人尽义务——5

㊽在无法确保表态完美前，我宁愿沉默——5

㊾我做的比计划的要少——7

㊿我喜欢挑战，喜欢攀登高峰——8

(51)我觉得自己能一个人完成任务——5

(52)我常有被人抛弃的感觉——4

(53)朋友常说我很忧郁——4

(54)与人初次见面，我好像表现得很冷漠——4

(55)我的面部表情严肃而生硬——1

(56)我常常陷入下一秒不知道要干什么的苦恼中——4

(57)我对自己要求很严格——1

(58)我感受特别深刻，并怀疑那些总是很快乐的人——4

(59)我认为自己是个高效率、善于举一反三的人——3

㉖我讲理，重实用——1

㉑我认为自己的思维能力很强，很有创造天分——4

㉒我并不太在乎周围人是否注意到我——9

㉓我喜欢把一切安排得妥妥当当，但别人认为我过分执着——1

㉔我认为爱人必须要心心相印——4

㉕我认为自己很好，我很有信心——3

㉖如果谁做了过分的事，我一定会给他颜色看看——8

㉗我外向，精力充沛，好像每天都有使不完的力气——3

㉘朋友认为我很忠诚——6

㉙我知道如何让别人喜欢我——2

㉚我很少看到别人的功劳和好处——3

㉑我很容易知道别人的功劳和好处——2

㉒我嫉妒心强，喜欢跟别人比较——3

㉓我常不放心把事情交给他人，批评一番后，自己会动手再

做——1

㉔别人会说我不真实——3

㉕和爱人交往中，我很喜欢试探对方——6

㉖我会极力保护我所爱的人——8

㉗我常常可以保持兴奋的情绪——3

㉘我喜欢与那些有趣的人交往——7

㉙我常帮助朋友——2

㉚我觉得办事效率比那些所谓的原则重要得多——3

㉛我似乎不大会开玩笑——1

㉒我是个热情并且有耐性的人——2

㉓众人在场的情况下，我会觉得不安、局促——5

㉞我讨厌做事拖泥带水——8

㉟如果我的举手之劳能让他人快乐，那么，我也会觉得快乐——2

㊱别人若是拒绝我的帮助，我会很受挫——2

㊲我的肢体硬邦邦的，不习惯别人热情的付出——1

㊳对于没有熟人在场的社交，我宁愿不参加——5

㊴很多时候我会有强烈的寂寞感——2

㊵朋友常把我当成倾诉的对象——2

㊶我不大会恭维人——1

㊷我常担心一旦作出承诺就会牺牲自由——7

㊸我喜欢把自己知道的都告诉别人——3

㊹我很容易认同别人为我所做的事和所知的一切——9

㊺我觉得做人就要坦坦荡荡，即使会因此与人发生冲突——8

㊻我很有正义感，有时会帮助那些弱势的人——8

㊼我太注重琐碎的事而导致效率不高——1

㊽我不大容易愤怒，经常感到沮丧和麻木——9

㊾我不喜欢那些攻击性太强的人——5

⑩我的情绪变化很大——4

⑩我不大喜欢别人打听我的感受——5

⑩我更喜欢人际关系刺激一点——1

⑩我不大喜欢别人诉说他们的心事，却喜欢那些笑话和趣事——7

⑩我喜欢按规矩办事，不然一切就乱了——1

⑩我感受不到来自周围人的爱——4

⑩如果我想结束一段恋爱，那么我会直接告诉对方——1

⑩我不喜欢竞争——9

⑩我认为我是个多变的人，有时善良可爱，有时却暴躁不安——9

当然，这个结果只是一个供参考的结论，更精确的判断还需要在深入了解和揣摩比较后获得。

通过一些检验，你能找到自己的人格类型，事实上，一个人的基本人格类型是不会变的，即使在现实生活中因为某些因素而有了种种变化，即使你的基本人格型态可能有某部分的隐藏或是调整，也不会真正改变。

## 认识自己，寻找最本真的自我

每个人从出生起，都在不断认识世界、接受外在世界赠予我们的一切，我们学会了很多，包括科学文化知识、审美、与人相处等，但在这个过程中，我们很少认识自己。实际上，我们也总是在逃避认识自己，因为认识自己就意味着我们必须要接受自己"魔鬼"的一面，这个过程对于我们来说是痛苦的。但如果我们想实现自己的需求、成为更优秀的自己，就必须要认识自己，就像剥洋葱一样，寻找到最本真的自我。

有这样一个年轻人，因为时常感到压力大而去请求医生的帮助。诊断后，医生证明他身体毫无问题，却觉察到他内心深处有问题。

医生问年轻人："你最喜欢哪个地方？""我不清楚！""小时候你最喜欢做什么事？"医生接着问。"我最喜欢海边。"年轻人回答。医生于是说："拿这三个处方，到海边去，你必须在早上9点、中午12点和下午3点分别打开这三个处方。你必须同意遵照处方，除非时间到了，不得打开。"

于是，这位年轻人按照医生的嘱咐来到海边。

　　他到达海边时，正好9点，没有收音机、电话。他赶紧打开处方，上面写道："专心倾听。"他走出车子，开始用耳朵倾听，他听到了海浪声，听到了各种海鸟的叫声，听到了风吹沙子的声音，他陶醉了，这是另外一个安静的世界。快到中午的时候，他很不情愿地打开第二个处方，上面写道："回想。"于是他开始回忆，他想起小时候在海边嬉戏的情景，与家人一起拾贝壳的情景……怀旧之情汩汩而来。近3点时，他正沉醉在尘封的往事中，温暖与喜悦的感受，使他不愿去打开最后一张处方。但他还是拆开了。

　　"回顾你的动机。"这是最困难的部分，亦是整个"治疗"的重心。他开始反省，浏览生活工作中的每件事、每一个状况、每一个人。他很痛苦地发现他很自私，他从未超越自我，从未认同更高尚的目标、更纯正的动机。他发现了造成疲倦、无聊、空虚、压力的原因。

　　这个故事中，这位年轻人遵照医生的建议来到海边，给了自己一个自我反省的机会，才认识到自己的缺点——自私、从未超越自我、从未认同他人，这就是他感到空虚、压力大的原因。心理学家曾说过："人是最会制造垃圾污染自己的动物之一。"正如清洁工每天早上都要清理人们制造的成堆的有形的垃圾一样，我们要想彻底消除倦怠，也必须经常地反省自己，时刻清洗心灵和头脑中那些烦恼、忧愁、痛苦等无形的垃圾，真正让自己时刻心如明镜、洞若观火，以最好的状态投入工作中。

　　马斯洛需求层次原理告诉我们，我们每个人都有生存需求、安全需求、爱与归属需求、尊重需求和自我实现的需求五大需求。那么，怎么实现马斯洛讲的这五大需求呢？我们需要通过自我认识、自我接受、自我肯定、自我呈现，从而达到自我实现的目的。

可见，自我认识是实现这五大需求的第一步。只有先认识自己，接下来我们才能接受自我，才能肯定自我，进而不断完善自我，才能变得自信。虽然大部分人做不到这一点，但如果你做到了，你就能实现自我突破。

接下来，我们需要思考的是，该怎样做才能实现自我认识呢？这里，我们需要借助一个工具——九型人格。

此处，我们不妨把自己比喻为一颗洋葱，在洋葱的最深层，是最本真的自我，因此，我们需要不断地剥开这颗洋葱。

在我们出生时，我们是一个最本真的自我，也就是本我，这是第一层。在接下来的成长过程中，我们开始有了一些经历，也开始形成对我们行为处事有引导作用的价值观，当然，这里的价值观可能是好的，也可能是不好的。

接下来，是第二层，在价值观外面，是我们的需求、动机，也就是我们常说的人的欲望。人的欲望是受到价值观操纵的。而人的欲望操作的是人的恐惧、思维。

再接下来，就是情绪，是第三层。人的欲望和需求一旦得不到满足，便会产生这样或那样的情绪，当然，即使我们的欲望被满足了，情绪同样也是存在的。

最后一层是行为。这是洋葱的最表层部分，也是我们的价值观、欲望、需求、思维的最直接的显现。

可见，当我们剥开自己这一颗洋葱后，就会发现，人的本我其实都是差不多的，只要我们愿意认识自我，那么，我们就会变得自然、真诚。而一旦我们继续披上种种外衣，我们又会呈现出千姿百态的面貌。

# 借助九型人格这一最佳工具认识自己

生活中，人们常说，人贵自知。这句话就是要告诫我们，我们每个人，都要认识自己，不仅要认识自己的优点、能力，还要认识自己的缺点、不足等。如果有人问你，你认识自己吗，你的回答是什么？也许很多人会回答"是"，而实际上，事实真是如此吗？

现在，我们来做这样一个游戏。请你拿出一张纸，画出你手机的外形，包括品牌、颜色、按键的各个位置，你能做到吗？曾经有培训师在上课时让学生做过，但遗憾的是，90%的学员都不能准确地画出来，有的人甚至连屏幕的样子都记不起来了。

我们每个人每天都离不开手机，但就是这样一个随身携带的物品，我们都不了解，更何况我们自身呢？为什么我们不了解它？因为我们只是把它当成联系、通信的工具，而没有用心去了解、认识它。实际上，对于我们自身，我们又何尝不是把自己当成一种工具呢？一种吃饭、穿衣的工具！一种工作、与人打交道的工具！我们行走于世的时间久了，内心便会被一些"世俗"的外衣包裹，我们把什么都当成一种工具。对于工具，我们会用心去对待它吗？

有人说"成功时认识自己，失败时认识朋友"，这句话固然有一定的道理，但归根结底，我们认识的都是自己。无论是成功还是失败时，都应坚持辩证的观点，不忽视长处和优点，也认清短处与不足。同时，自我反省、认清自己还能帮助我们做回自我。只有这样，才能获得重生。

而事实情况是，日常生活中，我们既不可能每时每刻去反省自己，也不可能站在一定的高度、以局外人的身份来观察自己。于是，我们只能以外界信息和他人的眼光来认识自己，于是，我们的思维很容易受到外界信息的暗示，于是，我们常常会迷失自己。

自我提升之门只能由内而外打开。进步的关键在于你一定得认识和了解自己，而这件事只有你自己才能完成，这也是一个非得靠你才能解答的问题。谁能永久激励你？谁能让你不断成长？答案是你自己，别人只能推波助澜而已！要获得成功，首先要研究、了解自己。自己才是自己的最佳导师。

事实上，在日常生活中，关于认识自己，我们都只愿看到自己的优点，而不愿看到自己的局限性。有时候，我们自己看不到，身边的人会为我们指出来，但我们也不愿意听，因为没有人喜欢被他人否定。为此，我们很有必要掌握认识自己的一大工具——九型人格。这就需要我们学会用"第三只眼睛"看自己，无论做什么事，都用客观、公正的态度评价自己，你就能做到不断超越自己。

事实上，人生每跨一步都会有这样的过程。你要管人，你就要先了解人；你要超越自己，就要先了解自己。

如何才能更好地认识自己及他人？那就是要用心。很多时候我们对家人、爱人、朋友等往往是熟视无睹，这就是我们人性中的盲点。九型人格以抽丝剥茧的方式，慢慢地引导我们找到最初的本我。

也许你会说，在对九型人格的学习过程中，我根本找不到属于自己的号码，其实，这还是因为你不愿正视自己"魔鬼"的一面。也许还有人说，九个号码天使的一面我都有，魔鬼的一面我都没有，那么，只能说你是误入尘世的天使。

总之，认识自我，才能驾驭自我，这是一个不变的真理。在九型人格中，如果你找不到自己的号码，那么，一定是你不愿面对自己的阴暗面。对此，你也不必懊恼，你可以静心思考一下：你做事的动机是什么？找到了做事的动机，你就能遵循剥洋葱的方法，一步步认识自己。

# 第 2 章

## 一号完美者：追求完美、自控力强、恪守原则、目的性强

　　在九型人格中，一号完美者有这样一些性格特征：他们追求完美，以高标准要求自己和他人；他们渴望被人认同，当别人不同意他们时，他们会尽力反驳；他们认为世界非黑即白，对就是对，错就是错；他们做事循规蹈矩，不大能适应新的工作；他们追求公正、公平，喜欢为他人打抱不平……当然，他们苛求心理的存在，归根结底还是他们的性格使然。不过，我们也不能否定，他们的性格中也有很多闪光点。总之，全面了解一号性格者，是我们与他们打交道的第一步，只有了解他们的性格特征，我们才能采取更精确的交际策略。

# 一号完美主义者有哪些性格特征

在九型人格中，我们首先来谈谈一号性格者。那么，我们的生活中，一号性格者有什么样的性格特征呢？我们又该怎样判断与我们交往的人是不是一号性格者呢？

我们先来看下面一个故事：

陈斌是一名工程技术人员，但他爱好研究心理学知识，也喜欢在生活中研究人的心理与性格。为此，他练就了深刻的洞察力，这也让他交到了不少的知心朋友。

高中毕业后的十年，他应邀参加了老朋友组织的聚会。曾经一起嬉戏的高中哥们，聚在一起，总有说不完的话。席间，又来了一个同学，陈斌打量了一下这位老同学，他西装革履，头发一丝不苟，皮鞋锃亮锃亮的。陈斌一看他的着装，便大致知道了他是什么性格类型的人。于是，陈斌开始试探性地与他说话："听说你已经当了处长了，但你这样清正廉明的人，肯定没有什么灰色收入吧？"

"你怎么知道的？"听到陈斌的话，对方很吃惊地问。

接下来，陈斌又说："你做人很公正和正直，当官不一定升得快！"

对方更惊奇了："对啊，我当处长都十几年了，你怎么知道？"

这次聚会上，这位老同学好像找到知音似的，抓着陈斌的手聊了很久。

这则故事中，陈斌的这位老同学就是典型的一号完美主义者。他为什么升官不快？因为他太公正了，他从不允许自己有任何行为上的缺失。不仅如此，他也希望周围的人也是公正的。即使是他的上司做了任何一件错事，他也会毫不留情地指出来。得罪了上司，让上司没面子，他在仕途上还会顺风顺水吗？当然不会！当然，如果这一类人真的升迁了，那么，一般情况下，也不会是因为他们的人缘好，而是因为他们是有能力的，是个实干家。

当然，除了公正以外，一号完美主义者还有一些基本性格特征，我们可以总结一下：

1.他们讲原则，大义凛然，追求正义

比如，他们最讨厌办公室政治，在办公室里，无论别人玩什么把戏，他们都不在乎，他们认为只要把自己的工作做好就行。

2.他们认为世界非黑即白，没有灰色地带

在一号眼里，世界是黑白分明的，对错是有明确界限的，对就是对，错就是错。为此，他们做事原则性也很强。

3.他们有着比一般人高的道德底线

为了证明自己是对的，他们很少会有婚外恋。一号追求完美，因而他们一般会把多余的精力都投入到工作中去。他们很少去酒吧等娱乐场所消遣，因为这对于他们来说是不对的，是违反对的行为习惯的。

4.他们有着崇高的理想

他们喜欢周围的环境是和谐的，因此，只要团队变坏，他们就会站出来改良。

5.他们认为人应该不断进步

在完美主义者看来，到处都是提高和改进的空间，一些严重强迫型的完美主义者会把大量休息时间花在自我提高上面。

6.他们渴望被人认同

如果你不认同他，他内心就会有负罪感，认为是自己做得不好，也可能会批评你周围的人。

比如，工作中，如果上司告诉他，他这样做是错误的，是不会有结果的，接下来，他会想方设法证明自己是正确的。他会说，老板，这件事情应该是这样的。于是，老板再次证明他是错的。他不得不离开办公室，可是十分钟以后，他居然又来找老板。老板再一次证明是他不对。好不容易老板将他打发走了，但谁知道，下班后，他居然又打电话追来了：今天在单位做的事情是这样的。老板第三次证明他是错的。第二天一早，他又来找老板了：昨天的那件事是这样的。

7.他们更喜欢按规则办事情

完美者要求完美的程度有时候是苛求，是鸡蛋里挑骨头。比如，排队时，如果有人插队，他们是决不允许的；公交车上，谁没有为老弱妇孺让座，他们有时候也会站出来指责。因为他们觉得加塞不公平，自己要维持公正。

可见，完美主义者身上所表现出来的特点，是绝对的"清教徒"式的，他们勤劳、有正义感、独立、努力，他们严格克制自己的行为，不让自己的行为有半点差池。事实上，正是因为对自己的高标准要求，让他们忽视了自己的期望到底是什么，不知道怎样才会让自己获得快乐。当然，从他们的这些性格特征上，我们能很快洞察出他们的性格类型，从而选择进一步的交际策略。

# 一号性格者的语言密码

我们都知道，在九型人格中，一号完美型性格者又被称为改革者，因为他们很喜欢否定别人，这一点，很多时候，都体现在语言上。因此，细心的你可以发现，他们很喜欢说"不是的""不应该是这样的"等。当然，一号性格者还有很多语言上的特色，掌握他们的语言密码，能帮助我们在人际交往中确定他们的性格类型，而不至于一刀切、给他们贴上性格的标签。

我们先来看下面一个案例：

杨女士是一位事业型女性，掌管了一家一百多人的民企。但在教育孩子的问题上，她遇到了一些难题。尤其是当儿子进入初中之后，她和孩子的关系更是闹得很僵，她只好请自己的好姐妹刘女士来调解。

这天，刘女士来到她家，单独会见她的儿子。这个大男孩对看着自己长大的刘女士很热情，也很乐意和她聊。

"我妈这人总把工作中的态度带到家里来，她对我太苛刻了。上次我考了98分，结果她还问我："剩下那两分呢？"我原本高高兴兴地想跟她分享我的成绩，结果被她泼了一盆冷水。自打那次之后，我再也不想和她说话了。"说着儿子又举出几件实例。

"你妈也不容易，她在单位是领导，操心的事不少，她回家又要做饭，照顾你，够累的，爱发脾气可能是到了更年期……"

"更年期？"没等刘女士讲完，男孩就迫不及待地接过话头，"自打我上学，我妈就这样，无论我说什么、我爸说什么，她就没肯定过。您给我来个倒计时，更年期哪天结束？我也好有个盼头！"

刘女士忍不住笑起来。她很同情闺密的儿子，心想，大概是闺密的性格使然吧。以前，她就发现，杨女士是个典型的事业单位领导的"派头"：她总是一身工装，一头长发盘起来，戴个眼镜。她曾经看过关于九型人格的书，她心想，杨女士应该是一号性格吧。当然，这只是她的猜测，为了证明自己的猜测，她想和杨女士谈谈。

"其实，老杨，你儿子真的很优秀了。我听我家孩子说，班上的男孩平时都很爱玩，一到放学都去打球，你儿子却直接回家做功课。"她想试试杨女士的反应。

"嗯，他本来就应该这样啊！现在考个好大学多难，照规矩，我觉得还应该给他报几个辅导班，但最近一直忙，没时间去。"杨女士说完这些话，刘女士就大致明白了。杨女士这种性格的人多半都是这样说话的。在判断了对方的性格后，刘女士决定暂时还是不要否定她，回去先研究下说服她的对策。

从这个案例中，我们看到了一号性格的人一些语言习惯。案例中的这位杨女士喜欢说"不是的""应该是""照规矩"这些词语，这是由她的性格决定的。一号性格的人喜欢按规矩办事，喜欢否定别人。

作为一号性格的人的孩子，他们经常也要接受父母的挑剔，当他说："妈妈，我得了98分。"一号性格的人的回答肯定是"那两分呢？"。这就是一号，他从来不会先给予肯定，而总是先看到不足。

生活中，你可能有这样的生活经历。某天，你和一个一号性格的朋友去吃饭，你们之间往往会有这样的对话：

你问："咱们中午吃什么？吃火锅怎么样？"此时，他会回答："不好。""那面条呢？"你接着问。"不好。"他答道。"那自助西餐吧？"你又问。"不好。"他的回答照旧。"那你说吃什么？"你终于不耐烦了。"我也不知道。"他的回答实在让你抓狂。

为什么一号性格者会有这样的语言习惯呢？因为他们的性格已经让他们形成了一种全盘否定他人的习惯。他们不喜欢作选择，在他们看来，一旦选择错误，就意味着他们在别人眼里变得不好了，所以，在他们开口之前，他们已经习惯先说"不"，然后才从这些否定性意见中找出一个答案。

总结起来，我们发现，一号性格的人常常否定别人，但他们自身并不喜欢做决定，这就是一号性格的人。他们常用的词汇有：应该、不应该；对、错；不、不是的；照规矩……这些语言信号，能帮助我们准确判断对方的性格类型。

## 完美主义者的身体语言特点

生活中，你可能认识这样的人：他们不苟言笑，当周围的人开玩笑时，他们很少参与，即使这个笑话很好笑；人群中，我们总是一眼就能找出他们，因为他们总是着装正式，在服装上很少有什么变化，他们也很少改变自己的发型……总之，他们给人的感觉就是一本正经的。他们就是一号完美者。可见，从人们的身体语言中，我们也能判断出他们的性格类型。

的确，可能你会认为九型人格读心术很神秘。其实不然，只要我们善于抓住别人内心世界的某些外在表征，如身体语言，以这个为切入点，就能看透一个人。我们先来看下面一个故事：

心理医生小崔已经30岁了，和很多大龄单身女青年一样，在家长的催促下，她决定也加入相亲大潮。

那天，在母亲和一群朋友的把关下，小崔决定在一家相当有品位的酒吧进行她人生的第一次相亲"活动"。

小崔深知第一印象的重要性，于是，在一番精心打扮之后，她来到了酒吧。当她在酒吧门口的时候，就看见一个人已经跟她打招呼了，此人不错！为了尽显自己的窈窕身姿，展现自己的迷人风采，小崔开始改变自己的走路方式，慢慢地，迈开小碎步，缓缓地向酒吧大厅走去……

可是，走近那个男士一看，小崔才发现，这是一个中规中矩的男人，一身笔挺的西装，长相周正，干净的短发，没什么面部表情，双手放在腿上。从这里，小崔已经能大致看出对方的性格了。不过，为了确定自己的判断、不给对方贴上性格的标签，小崔还是想继续看看。接下来，对方直截了当地说："相信我的职业、年龄、家庭环境你都知道，我们都不小了，我觉得我们都别耽误彼此的时间了，要是可以，我们尽快结婚怎么样？"小崔一听，果然如自己所料，这种类型性格的说话很直接，不怎么顾及他人的感受。她知道这样的人在恋爱中一般不会主动，而她当然不喜欢这样的人，于是，接下来的交谈中，她便随便找了个理由就离开了。

的确，人的性格、情绪、人品都溢于言表，一个人的内心世界也不可能没有外泄的部分。一个人在坐立行走时表现出来的身体语言就是很好的表露。只要我们善于发现，然后加以分析，即使"伪装"得再好的人，我们也能发现其破绽。而很明显，这里，与小崔相亲的这位男士就是一号性格的人：他们的身体一般是硬挺的，坐有坐相，这与他们追求完美的性格是分不开的。

其实，每种性格的人在很小的时候就已经呈现出某些特征。对于一号而言，他们在很小的时候就已经表现出大人的某种"成熟"。

幼儿园老师对所有的小朋友说："大家要乖哟，现在都把手向后背着。"此时，也许其他性格类型的人会在表面答应老师的情况下在背后搞点不一样的小动作，但一号性格者则会乖乖地听老师的话，一直笔挺地坐着、背着手。

当然，我们不能单凭肢体语言就给他人贴上性格标签，因为我们也不能排除一些特殊情况的出现，比如，某些职业的人也会有这样的肢体语言，军人就是一个很好的例子，无论他是什么号码，都会坐有坐相、站有站相。

因此，我们还应综合考虑其他方面因素，比如，一号性格的人的面部表情一般是僵硬的，脸上的肌肉也是呈竖条状的，他们即使笑，也会让人觉得很不自然。另外，他们在语言表达上也通常很直接、不懂得婉转。

我们总结一下，一号性格的人在身体语言上有以特点：

身姿：硬挺，可以长久保持同一姿势。

面部表情：变化少，严肃，笑容不多。

讲话方式/语调：缺乏幽默感，直接，毫不留情，不懂得婉转；重复信息多次；速度偏慢，声线较尖。

总之，我们要学会"窥一斑而知全貌""一滴水看见海洋"。了解一号性格的人的身体语言，能帮助我们确定对方的性格类型，进而看透他的行为动机，把思想和注意力引向正确的方向，排除摆在眼前的交际诱惑，看清眼前的形势，从而妥善规划自己的交际策略。

## 一号完美主义者性格的心理闪光点

根据九型人格学说，我们已得知，每一种性格，并没有优劣之分。的确，即使我们再不喜欢的一个人，他的身上也有值得我们肯定的闪光点。同样，追求完美、循规蹈矩甚至苛求他人的一号性格者也是如此。那么，他们的闪光点有哪些呢？我们不妨一点一点来看。

1.志向远大、目标清晰

我们不能否认的是，一号性格者，因为身上有强烈的责任感，所以无论是对自己、他人还是整个社会，他们总是在努力，努力让整个世界变得更好。

因此，一旦确定了某个正确的目标，或者感受到来自领导的期望，他们就会忘我地工作，以期让对方满意，而不是和某些人一样只为了薪金或者权力工作。

在各行各业内，他们都是敬业的、精益求精的，也希望能够教导他人去追求最好。他们相信人们在获得正确的信息后就会改变生活状态。

2.遵纪守法，诚实守信

尽管他们有时候给人的感觉比较呆板，但正因为他们按章按规办事，所以他们绝不允许自己做违反法律和道德的事，因此，他们能给人们带来安全感，比如，在一个公司内部，如果由一号性格的担任财务工作，那么，领导者大可以放心。

我们不妨听听一号性格者自己是如何描述自己的性格的：

"从小，我就很听话。我每天早上按时起床、吃饭，从不迟到。我觉得，一个好学生是不应该违反纪律的，如果我迟到一次，我会自责好久。放学回家后，我都是先做作业，做完作业后，我会检查好多遍，确保没问题了，我才会吃晚饭。晚上九点钟，我会准时上床睡觉。我学习努力，所以我成绩不错。但我不知道老师为什么把小勇安排为我的同桌，他是个成绩不好的学生，有一次考试，他让我给他看看我的答卷，我坚决没有同意，我认为做人诚实是最重要的，为此他好长时间没理我！"

3.正义善良、公正严明

关于这一点，我们也先看一则案例：

老王今年45岁了，在同事眼里，他是个老古董。他每天上班都走同一条路线，每天穿样式相同的衣服，甚至每天上厕所都很有规律，上午一次下午一次。以至于在同事们的眼里，谁要和老王走得近，就是一个没有性格的人。但经过那件事后，大家彻底改变了对老王的态度。

这天，该到吃午饭时间了，单位食堂的饭实在让大家难以下咽，于是，大家决定AA制去附近的一家餐馆吃饭，老王心想，既然是AA制，就破例一次吧。

走在路上，大家有说有笑，正在这时，大家看见一个卖水果的老婆婆和一个中年男人吵起来了，听老婆婆的意思是，中年人给了假钱，但他就是不承认。看到这里，大家面面相觑，似乎谁都不想管这桩闲事。这时候，老王径直走过去，大家在原地等他。十分钟后，大家看情形不对，原来那个中年人竟然动手打了老王，他们赶紧赶了过去。人多势众，对方不敢怎么样，最后，只得如数付了买水果的钱。

看着流鼻血的老王，大家都投去了赞赏的目光，自打这件事后，再也没有人在背后嘲笑他了。

的确，一号性格的人是不允许这样不公正的事发生的，因此，对于此类事件，他们不会袖手旁观，而这，是很多其他性格类型的人做不到的。

4.不会感情用事，能将生活和工作分得很清楚

在工作中，他们的情绪很稳定，即使与爱人吵架、孩子不听话，

他们也不会让同事看出来，因为他们认为，工作是工作，生活是生活。所以，如果领导把重大任务交给一号性格的下属，就不必担心他们会感情用事。

5.对待感情，他们专一、认真

与一号性格的人恋爱、结婚，你完全不必担心他们会出轨、会背叛你，因为他们有个很高的道德标准，他们是不允许自己做出违背道德的事的。而在教育子女时，他们也会以身作则，能给孩子树立一个好榜样。

生活中，对于一号性格者，可能我们经常会有这样的误解，我们认为这类人是无趣的、呆板的、毫无生机的、爱批评人的。因此，有些人是不愿意与一号性格的人交往的。但事实上，我们看到的只是他们不好的一面，其实，他们身上有很多闪光点。当然，这些闪光点远不止以上四点。日常生活中，我们只有学会看他人身上的闪光点，才能抛除偏见，真心待人。

# 一号性格者的情感表现

生活中，我们每个人除了工作和学习之外，还有情感生活，当然，不同的人对待情感的态度是不同的，而决定这一因素的，就是人的性格。而九型人格中，感情是一号性格的人最不擅长的，面对感情，他们常常采取的态度是逃避、压抑，而把多余的精力放到工作中，以此来淡化情感。关于这点，我们先来看下面一个案例：

最近，在朋友的介绍下，小英认识了个男孩，相处一段时间后，两人确定了恋人关系。

　　一开始，小英对他的印象很好，他为人诚实、对人很好、做事原则性很强，也很有爱心，就连平时在公交车上，他也很少坐，都把座位让给了老人、小孩。他不抽烟、喝酒，不去夜店，即使约会，他也经常带小英去图书馆这样的公共场所。小英认为，他是个值得自己托付终生的人。于是，交往了三个月之后，小英想把他带回家给父母看看，可是，对这一点，他支支吾吾，一直没有答应。

　　接下来的几天，小英一直给他打电话，他都说自己要加班，小英怀疑：难道他不想结婚？或者对自己不满意？小英本想问个清楚，可是又想，既然他不愿意，那么，肯定有理由，还是不要强求吧。

　　自从这件事后，小英发现，他花在工作上的时间更多了，甚至连周末也在工作。小英实在受不了，便主动提出了分手。

　　再后来，一次偶然的机会，小英遇到了他的同事，两人一起喝咖啡，小英便道出了内心的郁闷。

　　"你说我到底做错了什么，他要那样对我？"

　　"哎，其实，你们感情的事，我也不知道说什么好。但其实龙哥是个好人，对待工作也很认真，但他对自己太严格了。那时，自从你们好了之后，他虽然也开心，但他好像总觉得把时间花在谈恋爱上是一件罪恶的事。后来，你说要回家见父母，他更是慌了，可能是想逃避吧。哎，太追求完美的人就是这样，对待感情太压抑了。"

　　听完这位同事说的话，小英的心结也解开了，原来并不是自己的原因。她只能长叹一声："唉……"

　　这里，其实我们也能看出来，小英交的男朋友应该就是一号性格的人，他选择把精力都放在工作上，是因为他苛求自己的性格又作怪了。这类人认为，只有工作才能给自己带来充实感，只有努力工作、完善自己，才是自己的任务。因此，对待感情，他们都是被动的、压抑的，甚至会选择逃避。而生活在他们周围的人，如果不了解他们的表现是性格使然，便会对他们产生误解，有些人甚至会离他们而去。

当然，除了逃避外，他们还有其他一些情感心理，具体表现在：

**1.追求完美**

他们不仅希望自己追求完美，也希望周围的人都追求完美，比如，如果他的配偶在某些行为习惯上与他不一致，那么，他是一定会指出来的。并且，在选择配偶上，他也会彻底贯彻自己的这一原则。

**2.愿意跟随大队**

他们的行为和思想都是追求正义、公正的，因此，也是随大溜儿的。因为他们坚信，大家都认同的，一定是正确的。

**3.他们讨厌不守规则的人**

如果你想与一号性格的人交朋友或者与他们和睦相处，你就要按照他们的习惯遵守规则，公共场合，你不能做出有伤大雅的事；排队买东西时，你也不要插队。一切遵守规则，才不会给他们留下话柄。

**4.有很强的责任心，对感情很专一**

他们有很高的道德底线，始乱终弃的事情他们是不会做的。

一般来说，如果两个一号性格的人组成家庭，那么，他们的感情一定会很稳定，因为他们对生活的完美追求不谋而合。他们注重实际而独立的生活，注重身体健康，注重正确的生活方式，注重获得成就的价值感，这些基本共识是他们和谐相处的基石。

归结起来，一号性格的人在感情生活中的特征有：压抑，否定将感情注入工作／活动中，追求完美，愿意跟大队，讨厌不守规则的人。而对于感情，一号的处理方式总是较压抑，他们会把多余的精力都投入工作当中，以此来淡化感情。了解这些，能帮助我们在与他们打交道时做到有的放矢，而不至于触碰他们的心理底线。

# 第 3 章

## 二号给予者：慷慨大方、成全奉献、感情外露、占有欲强

在九型人格中，二号性格者最大的行为特征就是"给予"，他们希望通过帮助他人、为他人付出的方式赢得他人的支持和肯定，他们能随时感应到他人的情感、品位和爱好。他们最擅长服务别人，他们的奉献心理是因为他们渴望获得爱，因此，当他们的给予得不到回报时，他们便会感觉到被背叛了，甚至会变得暴躁起来、控制不住自己的情绪。

# 二号给予者的性格特征

在九型人格中，二号性格者被称为给予者，从这里，我们便可以大致看出他们的基本性格特征：乐善好施、好帮助他人。的确，在我们生活的周围，就是有这样一些人，他们似乎就是为别人活着的，只要别人有需要，他们总是主动伸出援助之手；他们渴望通过帮助他人来实现自己的价值；他们似乎有一套灵敏的雷达系统，总是能迅速探测出他人的情绪和喜好。其实，这都是二号性格者的特征。对此，我们不妨先来看下面这个笑话：

一天，一位二号性格者坐公共汽车，就在他坐下不久后，车上上来一位老太太，他立即站起来，对老太太说："老人家，您坐。"

老人家道了谢之后就坐下了。二号性格者站在老太太旁边，看着窗外的风景，他心里特别高兴，因为他今天做好事了。

过了几站，老人家起身要走，二号赶紧摁住老太太，然后说："老人家，我不累，您坐您坐。"

又过了一站，老太太又站了起来，二号又摁住了老太太："老人家，我真的不累，您坐。"老太太着急地说："我坐过站了。"

这虽然是个笑话，却让我们对二号性格者的性格特征有了更为详尽的一些了解，他们喜欢帮助别人，可他们从来没有考虑过自己的帮助是否让别人舒服，是不是别人所需要的。

在照顾家人上，他们常常无微不至，比如，他们让孩子吃饭，孩子已经吃饱了，他们还会继续问："怎么不吃了？不好吃吗？"孩子回答："我已经吃饱了。"他们还是会说："我辛辛苦苦做的饭，就吃这么一点。"

老王是某单位的员工，他有一位品貌俱佳的妻子，她是个很优秀的女人。在单位，她是先进工作者，是骨干，在家，她将丈夫和孩子的生活安排得妥妥当当，她从不让丈夫插手任何一件家务事，无论是买菜做饭，还是洗衣拖地，她全都包了。结婚十年以来，她勤勤恳恳地对老王侍奉左右。

在单位，当提到自己的妻子时，大家都对老王投来羡慕的眼光，但老王总觉得自己的妻子和别人的妻子有天壤之别。结婚第十年，老王居然与他的贤妻离婚了。单位同事和亲朋好友调解多次，妻子也不解地问他"我哪点对不住你"，但他铁了心，坚持离她而去。很多同事曾直截了当地问他是否另有新欢，是不是喜新厌旧，他只是说："过腻了，这样活着，吊不起胃口。"

老王的妻子应该就属于二号性格者。这里，我们先不讨论她的做法在婚姻中是否得当，但我们确实能看出，二号性格者比其他人更喜欢照顾、帮助他人，他们喜欢大包大揽、事无巨细，他们愿意奉献自己、施予别人，帮助别人、服务于别人，即使很累，他们也感到很兴奋，并乐此不疲。

对于二号性格者来说，他们更看重的是人的感情，因此，他们对金钱并不是很在乎，甚至他们连自己的钱包里有多少钱都不大清楚。在办公室里，你看到的那个最温馨的办公桌一定是二号性格者的，上面贴满了很多可爱的图画，有很多可爱的娃娃；在家庭生活中，他们最喜欢的事就是买各种小饰品、布置家，他们喜欢把家人的生活照顾得妥妥帖帖，让家人的工作和生活无后顾之忧，因此，能成为他们的家人是很幸福的。

　　这就是二号——职业帮助者，他们会想方设法地帮助别人，包括爱人、家人、亲人、朋友、同事等。那么，为什么二号性格者喜欢以帮助别人来获取价值感呢？这很可能是由于他们在童年时代的生活缺乏安全感，因此，他们告诉自己，只有满足他人才能获得爱，于是，他们学会了更多地考虑别人，甚至会为了适应他人的生活而调整自己，被迫放弃自己的需要，以换得他人的关爱。久而久之，他们便形成了一个这样的价值观：他人的需要是重要的，自己必须能洞察到他人的需要，并且主动满足他人的需要，这时他们自己才是被需要的。在这样的价值观的驱动下，二号表现出一种能力，就是洞察他人需求的能力，并通过自己主动的付出来满足他人的需要。

## 二号性格者的语言密码

　　在九型人格中，每种性格的人都有一定的语言密码。有时候，我们可以通过识别他们的语言密码大致看出对方的性格类型。对于二号性格者而言，他们渴望被人爱和爱别人，希望通过对别人付出来体现自己的价值。因此，如果你的交往对象经常对你说"你坐着，让我来""不要紧""没问题""好""可以""你觉得呢？"，那么，他多半是个二号性格的人。

　　二号性格者的语言习惯在吃饭时会表现得淋漓尽致。如果你和你的某个朋友或同事一起吃饭，而对方是二号性格者，那么，他肯定会主动帮你摆碗筷，盛饭、盛汤。你想自己动手，结果他说："你坐着，让我来。"你说："××，你也多吃点。"那么，他肯定会说：

"不要紧的，不用管我。"

工作中，假如你希望他帮你做件事，那么，他会非常高兴，并且会爽快地答应你："好的，可以的。"中午时间到了，你想和他一起吃午饭，你问他："中午吃什么？"他会回答："你觉得呢？"你让他点菜，他肯定会推辞："还是你来吧。"你看，二号性格的人是多么可爱。

当然，二号性格在语言表达上还有一些其他特征：

1.语速稍快，喜欢脱口而出，想到说什么说什么

二号性格的人是感性的，在与人交谈时，他们通常会想到什么就说什么，所以语速往往比较快，听上去很容易让人觉得他们说话不经过大脑思考。然而，这个世界不是只有逻辑性的思考才是智慧，情感和生物的本能也是一种非常强大的智慧，只是不同的人会偏向喜欢用某一种智慧而已。因此，我们可以说，二号性格者的率性也是一种智慧。

2.声线一般较沉

这种语言特征，与他们自身的性格特征是相吻合的。他们有着一种天生的本能——能随时观察到别人的需要，因此，他们会考虑自己的话能不能让别人听清楚，声线自然而然会比较沉。

3.敢于调侃自己来调动交谈氛围

在很多人在场的情况下，为了调节氛围，让大家不至于很闷，他们会选择开自己的玩笑，以幽默的方式来博大家一笑。

比如，他们会讲一件自己的糗事，或者故意耍宝。当有人因为说错话、做错事而陷入尴尬境地时，他们也会出面解决。因此，可以说，二号性格的人总是很善良。

小李和老王是在一起工作了三年的同事，两人都是火爆脾气，经

常因为一些小事火冒三丈，而他们的上司林主管是个典型的二号性格的人。

一次，小李去市政府听报告，老王不知道，因此对小李很有意见，竟当面质问小李。小李面对老王的质问，不知如何是好，一言不发。而老王一顿狂风暴雨之后，也气呼呼地坐在椅子上。顿时，整个办公室，谁也不敢多说一句话。

这时候，林主管走进来，对老王说："听报告没有通知你，这不是小李的错，是我没有让他通知你，因为你们两人有一个人去听报告就行了。你如果有意见就对我提吧，不要责怪小李啊。"老王听后，觉得自己错了，于是主动向小李致歉，他们又和好如初。

生活中，有很多林主管这样的人，他们不想看到周围的人不高兴，因此，他们宁愿自己背黑锅，也不会让事态僵持下去。

以上三点总结出了二号性格者的语言密码，总之，二号性格的人在语言表达上给人的总体感觉是亲切的、热情的、柔和的。他们是渴望爱人和被人爱的，是喜欢帮助别人的。因此，在语言上，他们也会体现出自己善解人意的一面，多半都会寻求对方的意见。与二号性格的人交往，为了迎合他们的这种"给予"的心理，我们可以适当"做主"，让他们感觉到自己是被你需要的如此，他们和你的关系也会更进一步。

## 二号性格者的身体语言特点

在九型人格中，二号给予者是感性的、热心的、友善的、渴望与人交往的，并且，在与人交往的过程中，他们常表现得十分友好。其实，这一点，我们也可以从他们的身体语言中看出来，初次见面时，与其他性格类型者相比，他们更愿意给你一个大大的拥抱，或者紧紧握住你的手，如果你主动握他的手或者抱抱他，他们一定会很喜欢你。另外，如果他们和朋友一起去玩，他们一定会情不自禁地拉对方的手，或者与对方手挽手。对此，如果对方是异性，你千万不要以为他（她）对你有意思，这只是因为二号性格者愿意与人有身体接触而已。我们先来看下面一个案例：

小宋在一家软件公司工作，最近，他所在的部门来了一位女同事小云，大概二十出头，应该是从大学刚毕业不久。公司所有的同事都很喜欢她，因为她总是很乐于助人，当别人说谢谢时，她总是说："不客气，举手之劳而已。"恰好，当她实习期结束后，领导让她和小宋到了一个小组。长期一起工作，小宋渐渐对这个姑娘产生了好感，但不知道对方是怎么想的。

一个周末的上午，小宋在家百无聊赖，便打电话给小云，想约她一起个吃个饭、看个电影，小云倒也爽快，就直接答应了。

来到约会地点以后，两人便商量好去对面的一家西餐厅吃饭，就在过马路时，小云居然拉起了小宋的手，这着实让小宋受宠若惊，不过他还是高兴得不得了，他心想，人家女孩都主动了，自己也不能落后。自打这件事以后，他就把小云当成自己女朋友了，并在自己的微博上发表了很多情感宣言，就是想告诉所有的朋友和同事，自己恋爱了。当然，小云也看到了。

这天，吃午饭时，小云问他："宋哥，你谈恋爱了，哪家姑娘这么有福气啊？"小宋一听，先是愣了半天，但转念一想，难道是她故意试探自己，想让自己将这件事"昭告天下"吗？于是，他给小云使了个眼色，这让小云丈二和尚摸不着头脑了。小云赶紧低下头，自己一个人吃起来饭，没有继续这个话题。

这天下班后，小云在门口等小宋，小宋看见小云，高兴地拉起了她的手，小云赶紧甩开，然后说："宋哥，你是不是误会什么了？"

"你不是答应当我女朋友了？"

"我什么时候答应了？"

"那天你拉着我的手过马路，难道不是这个意思？"

"啊，对不起，宋哥，是我的错，我曾经作过一个测试，我这人的性格就是这样，我会情不自禁地拉朋友的手，我到现在还喜欢和妈妈一起睡觉，我早上出门前还会亲一下我爸爸。真是我的错，我让你误会了。"

"算了，没事，幸亏我中午没有跟大家公开，哈哈，晚上回去我再在微博上发一条'分手了'就行了。你不必介意。希望这件事不要影响我们的工作，我们还是和从前一样，好吗？"

"嗯，好啊。"误会解开后，两人都轻松了很多。

这则案例中，小宋为什么会对小云产生误会？因为小云的一个无心的动作——拉了他的手，而其实，这又是因为二号性格者喜欢与人产生身体接触而已。正如小云所说，因为希望被人爱，所以他们会主动表达对他人的亲近，比如，拍拍你的肩膀，拉拉你的手等。

当然，除了喜欢用身体接触取悦人外，他们通常还喜欢笑，他们的脸上整天挂满笑容。在大街上，在某些人流聚集的地方，如火车站、机场，你可能会看到有人对你微笑，你不要误解，那也许不是人家对你有意思，只是他爱笑而已。大早上，你在公司走廊里碰到了某个同事，他左手拿着咖啡，右手拿着面包，见了人就笑着问："吃早饭了没，没吃我给你。"这肯定是二号性格者。

总结起来，我们发现，二号是个很有魅力的号码。人际交往中，他们会情不自禁地拉起你的手，会在你心情不好时主动抱抱你，让你觉得很温暖，他们总是能让周围的人感受到他的友好。不过，在与二号交往时，我们需要注意的是，不要对他们的某些肢体语言产生误解，因为那是他们天性使然。

## 二号给予者的心理闪光点

每一种性格都有它的闪光点，对于二号给予者而言，他们一生追求的重点都在人际关系上，这让他们的心理产生一些毒素，但我们也不能否认，这同时也让他们产生一些心理闪光点。与二号给予者相处时，他们会给你无微不至的关怀。你心情不顺，他们会给你最及时的安慰；你在事业上遇到瓶颈，他们会倾其所有帮助你；身为恋人的他们，会经常制造浪漫的约会。二号会让你感到你很特别，让你感到自己是重要的，是值得他们为之付出的。他们会在背后帮助你，照顾你，帮你打点生活甚至在事业上助你一臂之力。二号为你带来无限活力，他们心思细腻、精力充沛、善于表达情感。在普通人看来，那些只有自己才会为自己做的事情，二号都愿意替伴侣代劳……他们的心理闪光点实在太多了，我们不妨一点一点来分析：

1.善良、富有爱心

无论是工作还是生活环境，他们都希望是充满爱的。无论是对朋友、家人、同事，甚至是陌生人，他们都会留意他们需不需要帮助。他们愿意站在他人立场上为他人着想，当大家有心事时，都愿意向他们倾诉，在整个社会上，他们也是关心弱势群体的人。曾经有个年轻人说："每天早上上班，我都会早半个小时出门，然后将车开得很慢，目的是看路边有没有需要搭便车的人。"也有人说："看到路边的小猫无家可归，我都会忍不住流泪。"这就是善良、富有爱心的二号性格者。

因为有爱心，所以，他们也愿意无私地对他人付出。可以说，二号愿意为别人奉献的精神是值得敬佩的，但必须注意，不要给他人带来心理负担，也不要期待获得称赞或感谢，在没有认识到奉献应该是无私的时，就不该去帮助人。

**2.慷慨大方、不吝啬**

对于二号性格者来讲，他们最重视的是感情，因此，倘若能用金钱换取他人的支持和肯定，他们是很乐意的。也许除了知道自己存折上的大致数字外，他们从没算过自己每天在请客吃饭上花了多少钱。当同事、朋友需要钱时，他们也绝不吝啬。

**3.体贴入微、随时感知他人的需求**

前面，我们已经分析过，二号性格者自身带有一套敏感的雷达系统，他们能随时感知到他人的需求。

因此，在做生意这点上，二号性格者似乎比其他性格者更擅长和客户打交道，因为他们总是能将心比心地为客户说话、考虑到客户的利益，给客户很多帮助。因此，他们会给客户一种感觉：你是真诚的、贴心的，我愿意与你做生意。并且，一般来说，二号性格者大都能与客户进行长时间的合作，甚至做朋友。

**4.最佳的聆听者**

二号性格者渴望参与人际交往，并且，他们也很擅长与人打交道，这是因为他们总是很有耐心做他人心事的倾听者。即使对方的话很冗长、滔滔不绝，他们也会表现出极强的耐心。因为在他们看来，对方正是把自己当作知心朋友，才会对自己掏心窝子。因此，当人们遇到一些困难时，二号性格者往往会成为他们求助的首选。

5.甘居人后、支持他人

我们不否认的是，虽然二号性格者也愿意表现自己，但如果他们得到了他人的认同，他们是甘愿屈居人后的。

比如，在婚姻生活中，二号性格者的女性一旦结婚，她们就会把大部分精力投入到家庭中，她们为了让自己的爱人没有后顾之忧，会包下所有家务；对老人嘘寒问暖；家人的起居饮食，她们一样都不会落下。

而在工作和人际交往中，二号性格者也是极其重感情的。他们有着敏锐的眼光，能看出他人的潜力，并帮助他人成就事业，当他人功成名就时，只要对方能肯定他们曾经的付出，他们是不奢望任何回报的。而假如他们的朋友陷入人生低谷，他们绝不会袖手旁观，他们除了安慰对方，还会动用各种资源帮助对方，如为其筹措资金、销售产品，直到对方重新站起来。因此，我们可以说，二号性格者绝对可以成为我们的患难知己。

二号性格者最大的心理闪光点就在于他们拥有直接进入他人内心世界的本领，故很容易感受到别人的需要，几乎不用别人开口，他们便可以感受到对方的心声。因此，他们拥有取悦别人的天赋才能，很善于通过为别人付出来获得他人的好感。

## 二号给予者对于情感生活的处理方法

前面，我们已经分析过，二号性格者是希望通过帮助他人来实现自我价值的，他们希望获得他人的好感，希望获得良好的人际关系，他人的肯定简直和他们的生命一样重要。他们所有的行为动力都来自于情感，对于他们来说，用理性的思考来决定自己的行为是比较困难的事情。因此，在处理感情生活时，他们也多半都是感性的，是以关系为中心的。我们先来看一位"女二号"的表述：

"我对我男朋友的家人非常好，尤其是对他妈妈，我一有时间就去看她，给她买衣服和补品，还陪她逛街。她身体不大好，我每天早上上班前还会去陪她跑步，下班了陪她散步。她爱吃什么菜，我都会按照菜谱上的做法，学着做给她吃。我自认为我对我母亲都没有这么好，但我心里清楚，这并不是因为我像爱我母亲一样爱她，而是因为我爱我的男朋友。我希望他明白，我爱他，也同样会爱他的母亲，我是为了他才这么做的。如果他能够明白，那么，他就会更加爱我。"

从她的表述中，我们也可以看出，二号性格的人很重视关系。为了获得他人的好感，他们会表现得十分活泼并且精力充沛。当他们察觉出别人在某一方面有需要时，他们便会投入所有的情感，在这一点上，无论是对待自己的亲人、爱人还是朋友，他们都是如此。而一旦他们发现自己的付出被人忽视、投入可能得不到回报时，他们就会陷入慌张之中，甚至表现得暴躁、歇斯底里等。

那么，对于二号性格者而言，他们到底是如何处理情感生活的呢？对此，我们不妨根据不同的情况进行分析：

1.在人际关系上

在与人打交道这点上，二号性格者是主动的、积极的，他们扮演的永远是帮助者的角色。小时候，他们就是乖巧的：他们是父母的好孩子，老师的好学生，朋友的好伙伴，但实际上，他们是缺乏安全感的，因此，他们认为，只有付出才会有回报。久而久之，他们似乎为自己装了一套雷达系统，他们能在最快的时间内察觉到别人的需求，而正因为如此，在周围的人看来，他们是贴心的，谁都愿意与他们交往，他们也因自己获得良好的人际关系而自豪。

2.在婚姻爱情上

对于二号性格者而言，他们如果喜欢谁，就会主动追求某人。而在我们外人看来，他们甚至好像在有意勾引某人，但实际上，这只是他们热情的表现，是为了赢得对方的注意而已。

二号性格者追求异性的方法多半都是通过不断地付出，他们在付出的过程中能体会到一种自我肯定的快乐。然而，在追求异性的过程中，我们会为了迎合对方的需要而将自己的某些特质隐藏起来。而当二号与爱人的感情进入一定的时期后，二号不再去努力满足伴侣的需要，他们开始反抗。

因此，我们经常会听到二号性格者问自己的爱人："你爱我吗？"虽然他们对爱人照顾有加，但实际上，在情感上，他们是很依赖对方的，因此，他们需要通过操控对方来保证对方是爱自己的。

如果二号无法得到他们想要的，他们的脾气就会越来越大。愤怒一旦爆发，他们就会变得歇斯底里，无法控制。他们生气往往是因为没有得到他人的赏识，或者感到自己被他人的需求所控制。

"平时我对他那么好，照顾他的生活起居，把一切安排得妥妥当当，让他安心工作。然而，就在前几天，我生病了，躺在卧室里发烧，他却悠闲地看着电视，完全不顾我的死活。我说我很不舒服，他也只是随便敷衍一句。看到他这样，我好难受，为什么他不能像我对他那样对待我？如果他病了，我一定会陪在他身边，给他做饭、给他买药，总之，我是不会扔下他看电视的。"

总体来说，二号性格者在处理感情生活上是积极的、热心的。

他们会随时注意着别人的需求，有时候不用别人说，他们也会主动帮别人做事，大家没有注意到的，他们也会默默无闻地去做。通常他们不会张扬，但是他们的内心也是很期待别人能够看到并为此感激的。

# 第4章

## 三号实干者：积极主动、自信十足、 适应性强、能力突出

九型人格中，三号实干者认为，只有成绩突出、表现优秀，才能获得尊重、认可，才能交到朋友。因此，三号实干者不服输的心理的来源依然是人际关系。然而，我们也会看到，一些实干者为了获得成就甚至会不择手段，尤其是处于逆境中的三号。因此，对于三号实干者而言，如果能够明白这一点，也许你就能留意到那些站在你身后支持你的人，你就能做到关心他们、爱他们，这样，你也就开始成长了。

# 三号实干者的性格特征

在九型人格中，三号性格者被称为实干主义者、改革者。这里，我们可以看出来的是，三号更专注于事，这一点与关注人的情感的二号不同。在我们生活的周围，那些野心勃勃、渴望获得掌声的人就是三号性格者。

举个很简单的例子，某天，你的一个朋友给你打电话，他告诉你他新买了一款最新的手机，你说你知道了。只是知道怎么行？他会带着他的新手机来找你——这就是典型的三号实干者。三号最在意的是"成就"，而且他们把成就定义为一些外在的东西，比如，房、车、名贵物品等。并且，他们是爱面子的，他们渴望获得他人的敬仰，没有掌声、鲜花，他们就无法生存。因此，实干者的基本恐惧是：没有成就，一事无成；基本欲望是：感觉有价值，被接受。根据他们的基本欲望和基本恐惧，我们大致能推断出他们的一些性格特征，具体来说，主要有以下几点：

1.注重形象、要面子

三号是很要面子的，他们很注意自己在人前的形象，也许他们在家里穿着不太注意，但只要有外人在场或者出门，他们都会精心打扮一番，甚至会故意奇穿装异服来吸引他人注意。下面故事中的主人公就是个注重形象的人。

很久以前，有一个贫苦的年轻人，生活穷困潦倒，但即使这样，他还是很爱面子，为的是不让自己的尊严受损。有一天，他应邀到一女性朋友家去做客，因无毛皮衣服，只能穿葛麻做的单服。但非常爱面子的他，担心朋友见笑，于是，尽管时值冬日，他仍带上一把扇子，席间不住摇扇，对众朋友说："我这人就怕热，即使冬日也喜欢取凉。"

酒足饭饱后，这位女性朋友看出了他的心理，便想整治他一下。她力邀他住一个晚上，并迎合他，用单被簸席，在池畔亭台的风凉处搁铺，让他住下来。他不便再改口，只得暗暗叫苦。冬日的夜晚，寒气逼人，他被冻得瑟瑟发抖，为了取暖，只好站起来走动，谁料到一不小心跌入池中。

2.积极主动、能量强、效率高

对实干者而言，要有成就，就要不停行动，因此，他们获得成就的方式就是不停地工作和学习，并且，他们有很强的规划能力，对自己的工作、生活、感情以至整个人生都会作出一番缜密的规划。他们总是精力充沛的，做事也很有效率，他们是不允许自己浪费时间的，因此，他们也很容易变成工作狂。

3.自信十足

三号是永不言败的，他们也是自信的，无论做什么事，在没有确保万无一失的情况下，他们是不会轻易尝试的，以免削弱自己的自信心，同时他们也不想给人留下话柄。而当他们被人质疑时，他们会尽量给自己找借口，把事情的失败归结为外在的、客观的原因。从这里，我们也发现，三号的投机性较强，且喜欢说谎。当然，对于他们自身而言，他们是不承认这点的。

4.喜欢挑战

三号喜欢有挑战性的事物，尤其在工作上，他们喜欢创新、竞争，喜欢做第一，一旦周围的环境缺乏挑战，或者他们失去了竞争的兴趣，他们很有可能炒老板鱿鱼。

5.喜欢学习

对于实干者而言，他们认为，要想竞争成功，就必须要突破自己、不断学习，因此，他们每天除了工作外，还要学习，学习各种能让他们达到目的的知识，而家，只是他们暂时休息的场所。

6.不守规则，喜欢走捷径

对于三号而言，他们的最终目的是获得某种成就感，而不是过程。因此，在做事的过程中，如果有捷径能帮助他们达到目的，他们是不会按部就班的。

7.逆境中的实干主义者可能会不择手段

逆境中的三号会变得很急躁、急于成功，如果做不了有成就的事，他们可能会做一些不好的事情来吸引大家的注意力，也就是会变得不择手段。有时三号会用一些微不足道的成就来自欺欺人，因为他们害怕没成就。

根据实干主义者的基本恐惧和基本欲望，我们发现，他们在性格上的特征是，渴望被人敬仰、爱面子、积极主动、好挑战、爱表现等。了解这些性格特征，便能帮助我们在人群中快速识别出三号性格者，并帮助我们选择更进一步的交往策略。

# 三号性格者的语言密码

在九型人格中，每种性格的人都有一定的语言密码。日常生活中，通过识别对方的语言密码，我们便能大致推断出他们的性格类型。对于三号实干主义者而言，他们渴望被人称赞和认同，害怕被人瞧不起。因此，他们在说话时多半都是有力的、肯定的、积极的，并喜欢打包票、说大话等。在你的身边，如果有人经常对你说"可以""没问题""保证""绝对""最/顶/超"这样的词汇，那么，对方很有可能是三号实干主义者。

比如，工作中，作为老板的你交给三号一件工作任务，你问三号："你能完成吗？"他肯定会回答："没问题的，您放心吧。"当然，他是否真的"没问题"，就不得而知了。

那么，具体来说，三号性格者在语言表达上有哪些特征呢？我们不妨细细分析一下：

1.音量大，声线不尖不沉，非常有魅力

在语言习惯上，三号声音洪亮是为了彰显自己的自信，他们在说话时声线不尖不沉，很有魅力。

2.沉稳有力

三号性格者经常说"可以"。即便是简单的可以，三号也能表达得沉稳有力，因为他们不想被别人看出他们内心的任何担忧，而二号性格者在表达的时候的语气则是柔和的。

3.说话方式夸张、爱讲笑话

当然，三号实干主义者即使讲笑话，也不是随意的或仅为了愉悦气氛，他们多半都是抱有一定的目的，没有需要，他们是不会开金口的，这一点，与性格随和的七号是完全不同的。

4.虚荣心强，喜欢打包票

三号性格者是极其爱面子的，他们一方面会通过努力工作、学习来证明自己的能力，以博得别人的称赞和认可；另一方面，当他人有求于自己时，也会因为虚荣心而不愿拒绝对方，结果，他们承诺了自己根本办不到的事，不但事情没有办成，自己的人缘也搞臭了。

　　有个年轻人小梁，经常向同事炫耀自己在政府某部门有熟人，称有需要可以找他。开始人们还信以为真，有些急于办事的同事便交钱相托，但时过多日，不见回音，问到小梁，他说："近来人家事儿太多，再等等。"拖得时间长了，同事们对他的办事能力产生怀疑，便向他要钱，他找理由说："谋事在人，成事在天。懂不懂？你的事儿虽然没办成，可我该跑的跑了，该请的请了，你不能让我为你掏腰包吧？"言下之意，钱没了。

　　从此以后，小梁的话再也没人信了，以至于在闲暇聊天时，只要小梁往人群里一站，大伙就好像有一种默契似的，始而缄默不语，继而纷纷散去。

　　在生活中，又何尝没有小梁这样的人呢？因为害怕在别人心中留下无能的印象，他们信口开河、答应别人的要求，结果自己根本办不到，反倒被人看扁。

　　不能否认的是，对于某些三号性格者而言，有时候，为了成功、为了获得掌声，他们会不择手段，如欺骗等。事实上，我们要明白的是，我们所说的每一句话、做的每一件事都是我们个人品质的体现，每一项承诺都由我们的人格作担保。因此，三号实干主义者一定要告诫自己，要想获得别人的尊敬，首先要让自己养成良好的品质，因为真正的成功者都是人格力量强大的人。

　　以上四点总结出了三号性格者的语言密码，总之，三号性格的人在语言表达上给人的总体感觉是自信的、沉稳的、有能力的。他们渴望被人敬仰、被人肯定，因此，在语言上，他们也会体现出自己是有能力的。与三号实干主义者交往，我们可以适当迎合他们这种"成就"的心理，多附和他们，让他们感觉自己是被你敬佩的，这样，你们的关系也会更进一步。

# 三号实干者的身体语言特点

对于三号实干者而言，最重要的莫过于鲜花、掌声、名声、地位等，他们的价值就是和这些东西捆绑在一起的，为了获得这些，他们很注重工作效率，因此，我们看到的三号性格者是雷厉风行的，而这些表现在身体语言上，便是动作快，手势大。另外，对于他们自身的这些真实感受，他们是不承认的。比如，我们若说他们有野心，他们一定会不开心；而如果我们说他们有远大的理想，那么，他们一定会很高兴。从这里看，他们在身体语言上还有一个重要的特征——刻意地不表达自己的感受。对于这些特征，我们不妨先来看下面一个案例：

阿伟在一家大型汽贸公司任总经理，三年以来，他一直是公司的销售冠军，他是个精力充沛的人，似乎总有用不完的力气，这不，午休时间，两个客人来看车，他饭都没吃，就为对方介绍。

客户刚走进来，阿伟就热情地迎上来。

"一看二位，就知道是很有品位的人，我们的车最适合你们这样年轻的情侣使用。"

"可是我们打算最近结婚呢，买车也是为了以后上下班方便。"客户这样接过话茬。

"那边那款是我们的经典车型，如果你们考虑将来有孩子或者有其他家庭成员乘坐，可以看看。"

…………

不到二十分钟的时间，这两位客户就敲定了一款红色经典款。这已经是阿伟这月来的第二十辆车了。

关于阿伟，他的员工是这样评价的："我们经理，简直是个工作狂，他就像上了发条一样，你看他的身体，似乎也从来没有安静过，即使平时没有生意的时候，他也是不休息，总是干干这个，做做那个。""经理平时开会的时候，总是会拿着一支笔在空中划来划去，我就坐在会议室的第一排，有时候，真的怕他的胳膊会打到我。""经理做事效率太高了，他的手脚好像比我们活动的频率都高些。"

其实，阿伟现在的生活状况已经很好了，他有个漂亮的妻子、一个可爱的女儿，开着名贵的车，在北京有一套大三居的房子，这令很多三十多岁的同龄人羡慕不已。正如他们所说的，阿伟已经完全不用再这么拼命了。

然而，阿伟并不同意这点，他说："我天生就是这样，似乎总是闲不下来，老总也说为我放假，可是一放假我就浑身不舒服，我看还是工作最好。这并不仅仅是我想要赚多少钱，你也知道，现在我的销售业绩已经是数一数二的了，每年的公司年会上，老总也总是在夸奖我……"

但这一切，阿伟自己心里清楚得很，他已经习惯了这种被认可的感觉，每当他站在领奖台上时，他就感觉到无上的荣耀。为了确保他的这份荣耀，他必须加倍地勤奋和努力。他告诉自己"不能输"，这次的目标是第一名，下次一定不能是第二名，要不然那脸就丢大了。

从这则故事中，我们看到了三号实干主义者的典型心态，他们的身体语言也通过阿伟这个人得到了淋漓尽致的展现。正如他的下属所说的，他是个上了发条的人，无论是工作还是不工作，他都闲不下来。三号的动作很大，在开会的时候，为了展现他们的自信和与众不同的气质，他们会做出很大的手势动作；而对于自己内心的真实感受，他们是不愿意承认的。

这就是三号实干主义者。总结下来，他们的工作语言有：动作快，转变多，大手势；面部表情：目光直接，刻意地不表达感受。

　　三号实干主义者，他们在身体语言上显现的特征，也是由他们的性格特征决定的，他们渴望获得名利地位，这是他们停不下来的主要原因。但同时，他们谁也不承认自己是有野心的，因此，他们在日常生活中会刻意地隐瞒自己的感受。了解他们的心理，我们就能理解生活中很多三号性格者的行为习惯了。

## 实干者的内心真实需求

　　我们都知道，三号性格者最大的个性特征就是希望得到认可、鲜花和掌声。他们已经习惯了被人称赞。读书时代，他们就做到了成绩名列前茅，他们的房间里贴满了各种奖状；他们不需要讨好自己的伙伴；他们总是能靠自己的双手和智力得到他们想要的一切。他们是家长的宠儿，因为他们表现出色。三号性格者就是这样成长的，从小，他们就忘记了自己也有情感，他们认为自己生存的目的就是用自己出色的表现来获得周围人的爱。他们憎恶失败，极力追求成功。

　　对于三号性格者来说，他们的基本恐惧是没有成就，一事无成；基本欲望是感觉有价值、被接受。因此，从表面上看，那些实干家好像一直有用不完的精力、总是不断地学习，他们多半都是成功者，但其实，他们所有的行为的动机都是为了获得他人的敬仰。一旦他们的努力没有得到他人的认可，他们便会表现出躁郁的情绪，甚至急功近利、但求成功不择手段等。我们先来看两位"女三号"的自我陈述：

　　"我与同龄的女人不同，大部分这个年纪的女人都在家相夫教子，但我读了不少书，读了博士研究生后才出来工作，因为我害怕被男人看不起。我认为，女人也应该工作，如果我一事无成，那么，活着也就没什么意义了。在我看来，只有我获得事业上的成功，我的家人、朋友、爱人才会喜欢我。"

这位女士是个典型的三号，她很清楚自己需要的是什么，也知道自己内心的真实需求。的确，三号想要获得的就是他人的认可，只有成就才能让他们感到自己存在的价值。

"原来我在一家事业单位上班，但在那家单位工作了三年之后，我发现，我的能力被局限了，他们已经不能为我提供任何成长的空间，我觉得没什么前途，于是，在丈夫的支持下，我果断地辞了职，然后自己去做生意。很庆幸的是，我的生意做得很好，挣了一笔钱，我的婆婆和丈夫也对我肯定有加。我就是这样的人，我喜欢听别人说'你真厉害'，我喜欢收到朋友的盛情邀请。"

从这位女士的话中，我们也能感受到三号性格者的心理需求，他们喜欢被人敬仰、被人追捧。

对于自己的心理需求，可能很多三号性格者表现得并不是那么明显，其实，这和中国的传统教育不无关系。很多孩子，原本是典型的三号性格者，但他们的父母总教育孩子不要出头，这样，他们的发展就被阻碍了，很难活出真正的自我来。当然，我们不得不承认的是，有些时候，三号性格者会因为盲目希望得到别人的肯定而做出一些不合时宜的事来。

金融专业毕业的小黄供职于一家银行。

一天，他昔日的老师来找他，说他想开自己的公司，但缺少资金，问他能不能帮忙贷款。他心想，怎么着也要帮老师这个忙，不然太没面子了，于是，他立即答应了。但事实上，他才毕业，在银行根本没有多少说话的资历。再者，他的老师要求的贷款程序根本不符合规章。所以，后来，当他的老师已经筹备好所有开公司的工作时，他却拿不出钱来，这让他的老师很生气，责备他说："你这不是捉弄我吗？你即使不想帮我，也不该害我！"他能说什么呢？错本就在他。

这里，我们从另外一个方面阐述了三号性格者的心理需求。可以说，在我们生活的周围，有不少这样的人，因为害怕被人说成是"没本事"而答应别人一些自己无法办到的事，结果只能是自讨苦吃，对方非但不感激他们，反而会怨恨他们。要帮助他人，首先要做到量力而行，否则，当诺言无法兑现的时候，就会给人一种不守信的印象。古人云，轻诺必寡信。这不仅是一个主观上愿不愿意守信的问题，也是一个有无能力兑现的问题。一个人经常答应自己无力完成的事，不但得不到别人的敬仰，最终还会失去大家对他的信任。

现实生活中，只要我们留意，就会发现实干者大多集中在这些人中：他们是成功人士，年轻有为、积极向上、精力充沛，他们很有品位。另外，他们也是多变的，是活脱脱的变色龙，为了获得他人的肯定，他们可以经常变换自己的形象，这一刻，他/她是孩子心中伟岸的父亲、体贴的母亲；下一刻他们就可以是西装革履的职场精英；再下一刻他们还可以是恋人心中的完美情人……

可见，三号性格者是非常有能量的一类人，他们敢于追求第一名。但如果你属于三号性格，你还应该认识到，渴望获得他人的认可、赞扬并不为过，但在追求成就的过程中，你应该遵循自己内心的声音，不能为了追名逐利而迷失自己、不择手段。

# 三号实干者的心理闪光点

前面，我们已经分析过，对于三号实干者而言，他们最看重的就是个人的成就，以至于他们会将大部分精力都放在追求成功上，甚至会忽视周围人的感受。但与他们相处时，我们也能体会到很多的正能量：他们总是那么积极向上、虚心好学，他们靠自己的努力获得成功，他们从不浪费时间……事实上，他们的心理闪光点实在不少，对此，我们不妨也来一点一点进行分析：

1.勤奋向上、努力工作

实干者认为，他们的价值在于他们给别人留下的印象，他们骄傲于自己的成就。他们相信，没有工作就没有价值。当然，我们也十分肯定努力工作的意义。

放眼看去，现代职场，那些被上级领导赏识、被员工敬仰的人无不是勤勤恳恳的工作者，我们姑且不讨论他们工作的最根本动机，但他们的行动确实带来了积极的作用。

2.脚踏实地，注重行动

这一点值得所有人学习。一个人，要想实现自己的人生理想，想要取得一番成就，就必须要付出努力。要知道，天下没有掉馅饼的好事，一个人，只有行胜于言，用行动说话，才有可能成功。

3.虚心学习、愿意请教

为了取得进步，实干者总是不断虚心地向周围的人学习，而且，只要是他们不懂的，他们就愿意学习，这一点，也是值得我们学习的。

4.敢于挑战

三号实干主义者是爱挑战和竞争的，他们是不屑做那些无挑战性的工作的，而对于那些能考验人的能力的工作，他们一般都会主动站出来承接下来。

"我是个急性子。我在公司负责的是创意工作。一次，公司遇到了一件棘手的策划案，很多组员都推来推去，不愿意接下这份工作。因为大家都听说，这个客户十分难缠，他不让你改个几十遍是不会放过你的。针对这个问题，公司经理召集大家开了个会。在会议上，我有种感觉，我觉得自己应该将它揽下来。我当时在想，我来公司这么长时间，一直缺少一个让领导认可我的机遇，这不正是一个好机会吗？可是我又不能太着急，如果太早站出来，又显得这项任务过于简单，那就失去了意义。在合适的机会，我站了出来，那一刻我看到领导欣赏的目光，也看到了同事佩服的表情。"

相对于三号实干者，可能很多其他性格类型的人并没有这种胆量和魄力，三号的这一点很难得。

5.目标性强

无论是工作还是学习，他们都有着很强的目标，知道自己下一步要做什么。而且，一旦确定自己的目标，他们就会不遗余力地完成，因此，他们做事的效率是极高的，成功的可能性也很高。

6.做事效率高

为了最有效地利用时间，他们能经常在同一时间内完成几件事，就好像变魔术一样，让周围的人感到诧异，但实际上，我们没有看到他们背后的努力。因此，这也是他们心理上的闪光点。

7.天生的领导者

他们知道什么事情是重要的，他们会努力在竞争中取胜，然后享受成功的快乐。他们通常是单枪匹马地争取个人胜利。但是如果他们认同了团队的力量，他们也会积极带动大家，发挥领导者的作用。他们会不断推动团队向前发展。

可见，三号实干者身上的闪光点实在很多。对此，我们可以总结出来：他们愿意吃苦，对工作充满激情、负责任，而且，他们的热情能感染身边的人，他们总是愿意不断学习。不论是对自己，还是对于工作，他们都希望保持积极向上的正面形象。他们愿意参加并支持那些有利于社会和人民的公益活动，愿意帮助他人通过自身努力获得物质上的富裕。他们也非常愿意成为领导者。

## 三号实干者是如何处理情感生活的

不同的人对于情感生活的态度是不同的，对于九型人格中的三号实干者而言，他们同样是用成就来"衡量"情感生活的，他们离不开他人的掌声，掌声是他们不断前进的动力和生存下去的氧气。因此，有些三号性格者的爱人曾坦言："即使在对我说甜言蜜语时，我都能感受到他的大脑里在安排他明天的工作。"不难总结，三号实干主义者处理感情的方法是：压抑，令自己忙碌；以成就掩盖痛苦；虽然愿意跟大流，然而经常不守规则并喜欢走快捷方式。

那么，对于三号性格者而言，他们到底是如何处理情感生活的呢？对此，我们不妨根据不同的情况进行分析：

1.在一般人际关系上

在与人打交道这点上，三号性格者也是主动的、积极的，他们扮演的永远是成就者的角色，尤其是随着时间的增长，他们的能力在人群中得到肯定。他们总是保持着成功者的形象，让他人更崇拜自己。但是，这种能力也可能导致严重的自我欺骗，因为他们用成功人士的感觉取代了自己的真情实感。当他们开始把自己打造成"杰出领导人"时，这种自我欺骗的程度也就更深了。

2.在婚姻爱情上

"我们是别人介绍认识的，他人还不错，我看中的就是他有事业心、肯上进、有安全感，以后不用担心物质生活；并且，他对我也挺贴心的，每到周五下午，他就会给我打电话，向我'汇报'周末的约会计划。我以为自己找到自己的白马王子了。但事实上，他简直是个工作狂，眼里只有工作，就连约会时，都若有所思，以至于我觉得他爱他的工作胜过爱我。后来，我向他提过一次我的想法，他也改了不少，可是，接下来的一段时间，他的工作业绩下滑了，他又慌了，很快，他又把所有精力投入到工作中去了。我觉得我实在受不了他了，最终，我还是选择了分手，就让他和他的工作过一辈子吧。"

从这位女士的表述中，我们发现，她口中的男朋友就是个典型的实干主义者。的确，三号一旦工作起来，就会忘记周围的人和事，在处理情感关系时，他们也常会让对方失望。

在三号实干主义者看来，爱来自于他们的成就；他们对待情感太过理智，甚至会把情感关系视为一项"重要工作"，认为感情也是可以一步步搭建起来的；在与伴侣相处的过程中，他们希望自己能处在操控的位置，希望对方能欣赏和赞扬自己。

三号是典型的工作狂，他们总是会把心思放在他们的工作上，即使在难得的周末，他们也会惦记自己的工作。如果伴侣不提醒他们，他们很难记得自己该休息了；他们也会扮演亲密爱人的角色，但即使说"我爱你"，也并非发自内心，而是他们在执行自己的一项情感计划，是为了体现自己的善解人意而已。在与爱人相处的过程中，他们会不由自主地发呆，因为他们的思绪早已飞到别的事情上了，比如，第二天的工作安排，与客户的销售对白等。

　　他们表达爱意的方式也是经过缜密计划的，是通过活动来体现的，如一起旅行、一起打网球、一起讨论孩子的问题。三号只关注活动和安排，而不会想到和家人在一起的悠闲时光。对于三号来说，他们要让两性关系有效地运转，他们的婚姻必须"有用"。工作和收入永远都是重要的。

　　在三号看来，与爱人之间的亲密生活是需要按照一张活动表来完成的，比如，可爱的夫妻、理想的家庭、等着他们去学或做的事情、发展家庭成员的兴趣、培养健康的后代、让生活过得有模有样……

　　对于三号性格者而言，他们表现出来的精神面貌似乎永远都是健康的、积极的，好像他们的生活里永远没有痛苦，他们甚至一辈子都不会知道，自己实际上与内心生活失去了联系。而事实上，一个人只有看到自己的内心，才能真正接受自己、完善自己，让自己快乐起来。

# 第 5 章

## 四号浪漫者：感情丰富、神经细微、孤芳自赏、不善表达

在九型人格中，四号的心理特征是：感情丰富，神经细微，情绪多变，易于被生命中负面的经历吸引，享受痛苦，喜欢自我疗伤，觉得所有的人都不理解他们；但他们也有积极的一面，他们心地善良、真诚、坦率、自觉，创造力极高。四号浪漫者如果能对自己进行全方位的剖析，学会控制自己一些负面的情绪，调整自己的不健康心理，那么，你就能活出真正的自我！

# 四号浪漫者的性格特征

九型人格中，第四型人格被称为浪漫者，又被称为艺术型、自我型、凭感觉者。四号性格是个追求自我感受的性格类型，自我感觉是他们一切行为的出发点，在他们看来，只要是自我感觉好的，就比什么都好。他们天生具有艺术家的气质——忧郁、感觉敏锐、内心丰富。他们是性情中人，情感之于他们，如同空气，他们要从情感中探知精神力量，他们为此而生。因此，日常生活中，假如你的身边有个爱幻想的朋友，你在和他聊天的时候，一会儿他的眼神就变得空洞了，因为他的思绪早已飞到了远方，这样的朋友就是四号性格者。为了了解四号艺术家型的性格特征，我们不妨先来看下面一个小故事：

小曼是个典型的四号性格者，她很爱浪漫。曾经，她交过几个男朋友，但她觉得那几个人都缺乏浪漫的细胞，于是选择分手。最近，她新交了一个男朋友，小曼说，他很懂自己，他知道自己要什么，在恋爱不到两星期后，小曼就决定嫁给他，这让她周围的朋友感到很诧异。

"我倒想知道，他是怎么制造浪漫的？"她的一个女性朋友问她。

"情人节我们去约会了。"她很兴奋地提到。

"是去吃大餐了，还是去看电影了？"她的朋友继续追问道。

"不是，是去湖边散步了。""那天晚上，我们走在公园附近的湖边，走着走着，突然下起了小雨，他居然带了伞，我听到雨水低落在伞上，滴滴答答的，太动听了。"小曼形象地描述着当时的场景。

"天哪，原来就是两个人一起走了一段路呗。再者，再浪漫也是天公作美，又不是他制造的浪漫，你还是考虑考虑吧，婚姻不能太草率。"她的女性朋友很吃惊地回答。

"哎呀，你不懂的，我觉得他就是那个懂我的人。对了，我决定结婚后为他去打七个耳洞，再在腰上纹上他的名字，怎么样，浪漫吧？"她的想法实在让人不解，她的朋友们却不得不由着她。过了一个星期，就在朋友们参加完她的婚礼后，她的确打了七个耳洞，还在腰上纹了纹身。朋友们纷纷感叹："真是搞不懂她。"

这则故事中，我们看到四号艺术家型的一些行为特征，他们很喜欢浪漫，并且，在他们眼里，浪漫的定义是与别人不同的。大部分人认为的浪漫多半是和玫瑰花、烛光晚餐有关的，而他们认为的浪漫是自己定义的，就像故事中的小曼一样，她认为雨天漫步就是浪漫的，为爱的人打耳洞、纹身也是浪漫的。

当然，除了追求浪漫外，四号还有其他一些性格特征，具体有：

1.内心丰富

四号性格类型的人的内心是经常变化的，这一点，我们能从他们的服饰装扮上看出来，他们的衣柜里有各种风格的衣服。如果是男士，他可能今天穿得很正式，明天又是一身嬉皮士装扮，大后天又可能打扮得很休闲。如果是女士，她今天可能一袭长裙、十分淑女，明天就有可能身着性感的吊带衫，后天也有可能穿着尽显神秘的森女服。他们之所以如此多变，是因为他们的内心是丰富的，今天，他们觉得自己是这种类型的人，但明天他们就可能觉得自己是另外一种类型的人。为此，在服饰选择上，他们也会根据自己当天的内心感受选择。

**2.细腻敏感**

四号之所以内心如此丰富，之所以经常情绪化，就是因为他们是敏感的，周围发生的一切都可能触动他们的神经，为此，作为他们的朋友，可能我们经常会感到莫名其妙。但这就是四号，看到什么、听到什么，他们的内心都会发生变化。

然而，四号也是敏锐的，他们的直觉有时候还会帮助我们躲过灾祸。

**3.遵从自己内心的感受**

四号是九个号码中最浪漫的号码，他们忠于自己的感受，高兴就是高兴，不高兴就是不高兴，没有什么可隐瞒的。

**4.内向**

什么是内向？内向与外向的分别不在于他们是否喜欢表达，而在于他们在受伤后是否喜欢找人倾诉。四号是内向的，他们不喜欢找人倾诉，他们一般会找个安静的地方自我疗伤。也许有一天你会发现，你的一个四号性格的朋友已经不在人世了，这很可能是因为他无法走出过去的伤痛而选择了一条不归路。

可以说，四号之所以成为悲情浪漫者，就是因为他们享受痛苦，很多时候，我们发现，他们的脸上挂满了忧伤，也许在我们看来，并没有发生什么足以让人忧伤的事。

当然，除了以上四点之外，四号还有很多性格特征，比如，爱好自由、爱幻想、爱讲黑色幽默等。

四号性格者的基本恐惧是没有独特的自我认同或存在意义；基本欲望是找自我，在内在经验中找到自我认同。根据这些，我们也能看出他们的一些性格特征：浪漫，爱幻想，喜欢通过有美感的事物去表达个人的感情；内向，情绪化，容易忧郁及自我放纵，追求独特的经验。了解这些性格特征，便能帮助我们在人群中快速识别出四号性格者，并帮助我们选择更进一步的交往策略。

# 四号性格者的语言密码

我们都知道，每一种性格类型的人，在其举手投足和说话间都有一定的体现，忠于自我的四号艺术型有个很明显的心理特征——自我悲情。他们会自我表现，很有个性，个人主义，享受孤独，甚至会享受某种痛苦带给自己的快感。对于外界世界，他们的态度一般是比较冷淡的。因此，如果你的生活中的某个朋友经常把"我觉得""没感觉""没意思""看心情吧"等词汇挂在嘴边，那么，他多半是个四号性格者。关于四号性格者的语言密码，我们不妨先来看下面一个案例：

作为一名广告文案的小李是个典型的四号性格者，关于他在公司的表现，他的上司梁经理是这样说的："小李是我手下的员工，当初也是我应聘过来的。在面试的时候，我大致看了下他曾经的作品，我一眼就看出来他是个有创意、有才华的年轻人。尽管当时他的表达能力并不是很好，但对于广告创意来说，这个无伤大雅。很快，他就跟着我工作了，在平时，他确实也没有让我失望，几个创意广告做得都不错。于是，就在今年上半年，我准备提升他为创意部的主管。为了能大家心服口服，我特意为小李安排了一场听证会，让他为大家讲述自己的一些创意，但接下来发生的事实在让我失望极了。在听证会上，他完全表达不清楚他曾经做过的几个案子的核心，发言也很没有逻辑，最终，他自己都讲不下去了，只好耸了耸肩，让我帮他把话说完。可能是我对他的期望太高了吧，他还是比较适合创作而不是管理，因为他实在不擅长表达自己了。后来，我和他谈了下，让他回了原来的岗位，他倒是坦然多了。"

这则案例中，我们发现，对于艺术型性格的小李来说，做创意工作是他的强项，但与人沟通这样的管理工作则不适合他。的确，在语言表达上，四号是木讷的，是不善表达的。其实，对于感性的四号而言，用理性来思考都是一件相当有难度的事，更别说在公开场合发表这样的讲话了。

那么，具体来说，四号的语言密码有哪些呢？

1.沉浸在自己的思绪里，保持缄默

可能他们大部分时间都在思考，思考自己，思考人生，因此，对于外界发生的人和事，他们并不关心，也不会发表太多的观点。很多时候，我们在对某个话题津津乐道时，他们却自己坐在旁边，一言不发，给人一种拒人于千里之外的感觉，但这就是四号。

2.喜欢发表感慨

生活中，影响我们心情的因素有很多，但一般来说，基本上都是与我们息息相关的，如工作和生活，但影响四号的因素则是独特的，比如，天气、山水、路人等。为此，我们经常听到四号说："今天的天真蓝啊！""水真绿啊！""看天上云卷云舒……""那只小狗真可怜……"

3.逻辑性差

四号是艺术天赋非常高的人，是很有创意的人。因为他们有着灵敏的感觉，能够迅速捕捉到外界世界的一些奇妙的东西。然而，他们不善表达，甚至是逻辑混乱的，当你问他们创意是怎么来的时，他们往往不知道怎么解释。

以上三点总结出了四号性格者的语言密码，总之，四号性格的人在语言表达上给人的总体感觉是沉闷的、敏感的、多愁善感的，他们忠于自我，因此，他们看起来是与人群隔绝开的。然而，第四型的内心深处仍渴望他人填补自己的虚空，也正是这种虚空和缺乏满足之间的拉据，令他们追求意义与身份认同。可惜，因为第四型总着眼于比较和幻想，令这种追求感觉或变得徒劳。

## 浪漫者的身体语言特点

我们都知道，在四号浪漫主义者的骨子里，他们的内心是极为丰富的，他们喜欢沉浸在自己的快乐中，喜欢享受 "痛苦" 带给自己的快感。当然，和其他任何性格者都一样，他们也渴望被认同，但他们需要的是一份特殊的自我认同；为此，他们只听从自己内心的声音。不难想象，一个太注重内心的人不会有太大的肢体动作。因此，我们通常看到的四号都是动作缓慢的，并且，他们是优雅的，举手投足都有种忧郁的气质。只不过，这份优雅有点刻意为之。总结起来，四号在身体语言上的特征是：刻意地优雅，没有大动作，慢；面部表情：静态，幽怨。对于这些特征，我们不妨先来看下面一个案例：

最近，还处于新婚期的刘先生遇到了一些烦恼。这天，他来到一家心理诊所。见到医生后，他道出了自己的苦恼："我和我妻子刚结婚一个月，她很漂亮，人也很好，我觉得我能娶到她是我的福气。谈到我们的相识，其实还蛮浪漫的。那天，我去咖啡厅等一个朋友，但等了半个多小时都没等到他，后来，我正准备出门时，却不小心撞到了她——也就是我现在的妻子。没想到，我轻轻地撞了她一下，就把她撞倒在地上了，我赶紧过去扶起他，没想到，她就连起身的动作都那么优雅——她轻轻地拍了下裙子，然后将裙子的褶子理好，再然后，她把手交给我。那一刻，我动心了，我从没见过这么特别的女子，她仿佛就是小说中的人，她哀怨的眼神中告诉我，她一定是个有故事的人。说来好笑，那天，我的朋友一直没来，我就和她一直坐在咖啡厅里，聊了一下午。"刘先生一口气说了很多。

心理医生接过话茬："看样子，你们有了个很好的结局啊，那后来难道出了什么问题？"

"她很忧郁，我也不知道她一天在想什么，她总喜欢发呆，我感觉自己走不到她心里去，尽管我们已经结婚了，我也对她很好。说实话，我觉得我们根本无法融入彼此的生活中，有时候，我的朋友到家里做客，她动作太慢了，我让她泡壶茶，她居然能倒腾一个小时，让我很没面子。我的朋友也问我，我的太太是不是对他们有意见，为什么脸上从来没有笑容。医生，我想问问你，我的妻子是不是有什么心理问题？"

"根据你的描述，我倒是觉得，您的妻子没什么问题，这完全是性格问题。我们心理学上把人的性格分为九型人格，而她就是典型的四号浪漫主义者。他们的骨子里，天生就住着一个哀伤的神，他们喜欢沉浸在自己的悲伤里。一个人，他的心理活动太多，又怎么会做事利索、迅速呢？你当初对她一见钟情，不就是因为她的这种独特的气质吗？"

"哦，原来是这样，我喜欢的，大概也就是她的这份与众不同吧。"在听到医生的解释后，刘先生轻松了许多。

从刘先生的表述中，我们看到了四号艺术家的典型心态。而他们的身体语言上的特征，我们也从刘先生的妻子身上得到了详尽的了解：他们动作缓慢但很优雅、带有一种哀怨的气质。而这些身体语言实际上也是符合他们的心理特点的。其实，我们熟知的电影《花样年华》中，男女主角所扮演的角色就是典型的四号，整部电影给我们的感觉就是，所有的画面看上去慢得都像静止了。这就是四号浪漫主义者，总结下来，他们的动作语言有：刻意地优雅，没有大动作，慢；面部表情：静态，幽怨。他们的骨子里透着孤独、凄凉。

四号浪漫主义者，他们在身体语言上显现的特征，也是由他们的性格特征决定的。他们注重自己内心的感受，喜欢自我疗伤，内心丰富，因此，在身体语言上，他们的动作是缓慢的、优雅的、带有哀怨气质的。了解他们的心理，我们就能理解生活中很多四号性格者的行为习惯了。

## 四号性格者的内心真实需求

对于四号艺术家型的人而言，他们对自己最大的要求就是忠于自我，因此，我们也不难得出他们的内心真实需求——获得自我认同、找到自己存在的意义；另外，他们也非常渴望自己的感受被人理解，特别希望有人能够真正明白他们的内心世界。

在人群中，四号总是想成为那个最特别的人，之所以这样，最重要的是他们希望能引起别人的注意。大家可能会觉得这样的人不太合群、很特别，其实这就是四号的特点，而并不是他们真的不喜欢这个群体。

四号的情感世界是丰富的、与众不同的，这一点让周围的人很难理解，而这也是他们苦恼的地方。他们常常会问自己："在这个世界上怎么就没有人真正了解我？"在他们的思维里，似乎总是缺少了什么，但到底是什么，连他们自己也说上不来。但他们能清晰地感觉到这个东西对自己很重要。

心理学家称，人的个性特点，与其在童年时期的经历有着不可分割的联系，同样，对于喜欢沉溺在享受痛苦和孤独之中的四号而言，他们也多半有着这样的一些经历：曾经被父母遗弃，或者不被父母疼爱，这让他们在童年十分孤单。于是，在接下来的成长经历中，他们抓住这种痛苦的感觉不放，他们觉得，只有痛苦和多变的情绪才能证明自己的存在。他们即使微笑，也是经过一番痛苦的享受之后得来的。了解了这一点，我们也就能理解，为什么他们看起来那么与众不同，其实，那是他们刻意为之，是他们希望自己找到一份特别的认同而已。我们先来看下面一个四号的日记：

"在我很小的时候，爸爸妈妈就离婚了，他们因为工作太忙，就把我丢给了农村的姨妈。姨妈家有几个哥哥姐姐，姨妈根本顾不上我，我常被村子里的孩子欺负。到了小学五年级的时候，我实在待不下去了，我给妈妈打电话，我说，如果她再不来把我接回去，我就自杀，她被吓到了，只得把我接回去。

从那次事情以后，我发现用死来威胁别人好像很有效。我记得我和我的上一个女朋友也是这样，她要和我分手，我说分手我就自杀，她妥协了。其实，我这样做，只是希望他们能重视我、爱我。但没想到，我的脑子里竟真的经常出现自杀的画面，我甚至觉得那种鲜血淋漓的感觉很好，不过我还没有试过。一旦我发现别人不在乎我或者不认同我，我就感到万念俱灰。

平时，我很安静，一到下雨天，我就特别兴奋，我能捧着一本心理学书看一下午。我有了心事，也不愿意找人倾诉，即使我最亲的人，因为我觉得他们根本理解不了我，我还不如在书中自己寻找答案。"

从这一表述中，我们发现，四号艺术型者最大的心理诉求就是获得认同，为此，他们不惜将自己描述成受伤害的一方，以期得到别人的同情。那些不健康的四号，甚至有倾向患躁郁病，给人有一种疏离感。在他们的心里，他们认为自己是和别人不同的，因此，他们会选择与别人不同的生活方式。

正是因为有这样的心理诉求，所以，对于四号性格者而言，他们一直在苦苦寻求一种东西，可不知道为什么，一直都找不到。至于是何种东西，他们自身也并不清楚。偶尔，他们也觉得自己想要的东西找到了，但过后，他们又发现事情并不是如此，为此，他们常常感到忧伤，表现出多愁善感的气质。

相对于其他性格类型的人而言，四号更喜欢独处，尤其是当他们心情不好的时候。因为只有独处时他们才能感到自己的存在，他们才有机会享受这种痛苦。与倾诉相比，他们更喜欢自己找一个无人的地方，放声哭一场，任由情绪翻滚。

在人际交往中，他们表现出的状态是挑剔的。交往之初，如果他们对对方的感觉不好，他们就会表现得十分孤傲；而假设对方给他们的感觉不错，他们就会迅速与此人建立起联系，并且发展成很好的关系。

可见，四号性格者就是这样情绪化、敏感的人，所以常会有自己受伤、受到他人冷落的感觉。如果你属于四号性格，你应该认识到，发现自己的缺点固然是好事，但不必为此否定自己或者采取扮可怜甚至更激烈的形式来获得认同。一个健康的四号虽然是自我反省的、自觉的、不断"寻找自我"的，但同时也是有同情心的、机智的、谨慎的，以及尊重别人的。

## 四号浪漫者的多层次心理描述

对于任何一种性格来说，都是存在多层次心理的，拥有哪个层次的心理，就有了什么样的行为特征。这里，我们要着重分析一下四号浪漫者的多层次心理，进而帮助他们认识到性格中不好的一面。对此，我们不妨先来看下面一个故事：

在某个心理培训过程中，参与人员需要对自己进行性格测试。其中一个年轻人对于自己的性格类型比较纠结，因为他不知道自己是属于四号还是二号。

"老师，我是个容易走极端的人，偶尔我还会产生轻生的想法。高兴的时候，我也有无限的激情，灵感四射，并且，我觉得自己也是个有趣的人，喜欢和别人开玩笑。但四号的要求是忠于自己，我觉得这点和我不太像。"

其实，一个人的性格属于哪种类型，还是要看自己的基本恐惧和基本欲望。于是，老师问他："如果别人讲了你不爱听的话，让你很不舒服，你还会给他笑脸吗？"老师这样问，是想看看他的人际关系怎么样。

"我会。"年轻人很爽快地答道。

"为什么呢？"老师继续追问道。

"因为我怕别人感觉不舒服。"

根据他的回答，老师发现，他的性格还真有点像二号。于是，下一步，他决定确认一下年轻人到底有多少二号的特征。

　　"那么，假设对方对你来说是一个无所谓的人呢，你还会对他笑脸相迎吗？"我想应该不会吧。"年轻人摇了摇头。从这里，老师已经可以断定一点，他不是二号性格者，因为，对于二号性格者而言，即使遇到了无所谓的人，他们也不会让对方不高兴。而四号则不同。

　　"在你自己的感受和别人的感受中，你觉得哪个更重要？"

　　"我自己的感受吧。"年轻人很爽快地回答，接着他又说道，"可是我脾气很好，我从不对人发脾气。"

　　"难道说四号就经常发脾气吗？其实不是，有时候，四号可以完全活在自己的世界里，一整天乃至更长时间都不与人沟通。"听完老师的解释，年轻人笑了笑，看样子他已经确定了自己的性格类型了。

　　从这段对话中，我们发现，这位年轻人，虽然是四号性格，却表现出二号性格的一些特征，不过他的基本欲望和基本特征都是符合四号的。正如我们前面说的，有些外在特征只是枝叶，只要我们看到自己真实的内心，就能找到自己的性格类型。另外，最重要的一点是，身处不同层次的四号性格者身上所表现出的心理特征的明显程度是不一样的。为此，我们还可以把四号性格者按照特征明显与否划分为几个层次，具体来说，这些层次有：

　　1.找到自我，得到人生的启示

　　能接纳自己，不再认为自己比别人差或自我否定；抛却那些以自我为中心的行为，开始找到自我，获得人生的启示。

　　2.敏感，但已经开始内省

　　认同自我，察觉到自己的内心的真实感受，但还是敏感的、与众不同的。

3.有创意、学会分享

表达个人特质的方式是创意，开始愿意与人分享。

4.爱幻想、浪漫

依旧强调自己的独特之处，爱幻想，以强调自身的感受。

5.情绪化、渴望得到拯救

把自己装扮成幼小和脆弱的一方，以获得他人的拯救，但同时又表现得若即若离。

6.堕落、放纵

内心有诸多恐惧而放弃梦想，不参与正常的生活和工作。

7.充满仇恨及敌意

恐惧自己浪费了生命，为了自救而排挤一切不支援自己情感需求的人和事；经常觉得沮丧、疲累、提不起劲。

8.自我排挤、抑郁症

他们为自己设计了一个理想状态的"我"，并经常幻想自己成为这个理想的"我"，而对于那些与幻想不符合的人和事，开始表现出排挤的情绪，甚至讨厌那些不能拯救自己的人，有自我毁灭的倾向。

9.彻底失望、放弃生命

觉得自己已经没有任何价值了，活着只不过是浪费生命。于是，接下来，他们开始实施自我毁灭的措施——轻生，他们把这种行为当成吸引拯救者的方式。

对于任何一种性格而言，心理层次的高低都决定着该类型者的性格特征是否明显，而对于四号而言，这也决定了他们是否活得潇洒。因此，假设你是四号性格者，那么，了解四号性格者的心理层次，能帮助你认识到自己的心理，看到自己的行为动机，最终帮助自己实现更高层次的转换。

# 第 6 章

## 五号观察者：理性善思、深藏不露、喜欢独处、洞察力强

九型人格中，五号观察者是有着强烈的私人空间和时间要求的人，他们不喜欢参与社交生活，而更喜欢独自一人探究知识；他们与世隔绝、从不受感情的困扰；人际交往中，他们更愿意坐在角落，像一个旁观者一样观察他人。实际上，正是因为他们总是扮演生命的旁观者的角色，总是用抽离的方式对待他人，他们活得并不是那么潇洒、快乐。如果与他们相处，我们必须学会尊重他们的特质，并帮助他们参与生命，让他们感受到真正的存在感和安全感，这样他们才会对我们打开心扉。

# 五号观察者的性格特征

九型人格中，第五型人格被称为思想家、侦察员，顾名思义，就是指他们爱好思考。不难推断出，相对于三号性格者而言，五号是理性的。的确，他们追求丰富、深刻的知识，他们喜欢独立思考，越是难度大的理论知识，他们越感兴趣等。日常生活中，如果你的身边有个朋友，他与世隔绝，整天探究一些理论性问题，那么，他就是五号性格者。关于五号观察者的性格特征，我们不妨先来看下面这个故事：

"郭小青真是命好，嫁了个这么好的金龟婿。"郭小青周围的人都这样评价她的婚姻生活。在大家看来，郭小青是幸福的，她的老公小李是个学霸，毕业后就在一家研究所工作，月薪上万，有车有房。另外，小李还是个脾气极好的人，郭小青说往东，他不敢往西。但他们没想到的是，小李是个典型的思想家，因为所学专业和所从事的工作的关系，他更是把这种爱思考的习惯带到了生活中。

一个周末，小李放假在家，郭小青接到了妈妈的电话，让她回家一趟。当时，郭小青已经正准备洗衣服，于是，她交代小李："我中午回去一趟，衣服已经泡好了，你洗一下，洗完晾在阳台上就行，行不？"

"当然行。"小李很爽快地答应了。郭小青心想，这个平时连厨房都没有进过的男人，想必洗不干净，不过衣服也不是很脏，他愿意洗就已经很不错了。

可是当郭小青从娘家回来的时候，她惊呆了，她看到了在卫生间的小李，他根本没有洗衣服，而是正对着一些书本研究，她当即说："小李，你在干嘛呢？"

看到惊讶的妻子，他赶紧解释："小青，我发现一个问题，你平时洗衣服泡那么长时间太不对了……"

"得，打住，小李，我让你洗个衣服，你就整出这么一堆理论出来。算了，让你洗衣服本身就是我的错，你还去研究你的东西吧，我来洗。"郭小青说完，赶紧推开小李，自己洗起衣服来，对于小李的行为，她不知道是气还是好笑。而站在一旁的小李，则觉得妻子的反应莫名其妙。

相信我们生活的周围也有一些像小李一样的人，在理论与实践之间，他们更重视理论，对于洗衣服这样一件小事，他们能研究出很多种方法来，但他们就是不洗。他们可能告诉你他们很擅长打台球，明白该掌握哪些技巧，但当你问他们曾经赢过多少次时，他们的回答可能令你吃惊——他们从来没有打过台球。这就是五号观察者。那么，具体说来，五号有哪些性格特征呢？

1.爱思考，不爱行动

正如故事中的小李一样，对于一件小事，他们可能会研究出众多方案，但他们不愿意动手实施。

2.喜欢独处

他们觉得思想活动重于一切，一些生活琐事对于他们来说都是浪费时间的，因此，他们非常喜欢独立，讨厌被人打扰。他们即使一个人生活，也会觉得非常幸福，如果你经常有事没事地去找他们，会让他们感觉到厌烦。到最后，他们甚至会在门上挂上写有以下字样的纸条：除非跟生死有关，否则不要敲门。

在外界看来，他们是世外高人，他们更喜欢每天待在实验室和家里作研究，或者去图书馆查资料；而假如让他们去参加一些公共活动，他们是极其不适应的。

3.好奇心强

在他们很小的时候，他们就对周围的世界充满了疑问，他们总是问父母：为什么要吃饭、为什么要睡觉？他们总是问老师，为什么有太阳和月亮？于是，无论是家长、老师还是同学，都被他们问烦了，他们不得不为自己买一本《十万个为什么》，每天睡觉前，他们都必须在这本书上找到自己需要的答案。

4.害怕自己无助、无知、无能

他们希望自己既有知识又能干。虽然他们也喜欢虚荣，但不似三号性格者那么强烈。三号认为只要能干就行，有无知识无所谓；而五号则认为知识最为重要，他常对自己说，当我成为某个方面的专家时，我就OK了。

五号性格者的基本恐惧是无助、无能、无知，基本欲望是能干、知识丰富。他们希望自己能成为某个方面的专家。根据这一点，我们也能看出他们的一些性格特征：热衷于寻求知识，喜欢分析事物及探讨抽象的观念，从而建立理论架构。了解这些性格特征，便能帮助我们在人群中快速识别出五号性格者，并帮助我们选择更进一步的交往策略。

## 五号观察者的语言特点

日常生活中，我们在判断一个人的性格类型时，完全可以通过他的行为、语言、神态等方面识别。五号观察者最明显的心理特征是——善思、理性。他们刻意避开外在世界，不喜欢与人沟通，而当他们不得不与人交谈时，他们也会表现得十分谨慎，因此，如果你的朋友经常使用"我想""我认为""我的分析是""我的意见是""我的立场是"等词汇，那么，他肯定是个五号性格的人。接下来，如果你还想问他的意见，"你的感受呢？"他会回答："我的分析是……我的意见是……"你肯定想，天哪，这哪里是感受，分明是思考出来的，于是，你放弃了。让五号谈感受，简直能累死人。关于五号性格者的语言密码，我们不妨先来看下面这个案例：

吴老师在某大学任教二十多年，平时，除了上课时间外，他很少与学生有私底下的接触，也不怎么跟同事来往，谁也不知道他一天在忙什么。对于学校的会议，他能不参加就尽量不参加。就连学校领导都说他是个怪人。每年毕业生离开前的告别会，他也不现身。

其实，吴老师最大的爱好就是研究历史文物，大部分时间，他不是在看古书，就是在博物馆。

一天，当他正要出门时，一个身材瘦小的男生敲开了他家的门。其实，他是很讨厌学生来找他的，但他记得，这个男生学习成绩很优异，在一次课堂讨论上，他曾提出了关于中国文物保护的一些特别的意见，这让他对这个男生充满了好感。"算了，看看他有什么事吧。"吴老师这样告诉自己。

他礼节性地将这个学生请进了门。原来事情是这样的：这个男生准备考研，报考的学校在该专业很有影响力，但远在北京。而他那个谈了四年的女朋友始终坚持要在现在的城市扎根，且他们彼此的父母都在这里。女孩的意见是，如果他去北京求学，那么，两人只能分手。为此，男孩很苦恼，不知如何是好。他很敬佩吴老师，他觉得吴老师是个世外高人。

听完他的叙述，吴老师的回答是："据我的分析，你还是去读书吧。"

"啊，没想到老师这么回答，我原以为他能帮我找到解决问题的办法，原来，他真是大家所说的冷血动物，怪不得到现在也没结婚。"当然，这些都是男孩心里所想，他并没有直接说出来。想过之后，他继续问："可是，我们恋爱四年了，我很舍不得这段感情。"

"依我的意见，断了吧，没什么留恋的。"吴老师继续说。

"算了，今天真是不该来，找一个如此理智的人询问意见，简直是给自己添堵。"男孩心里这样想。接下来，他说："吴教授，我看您挺忙的，不打扰您了。我先走了。"说完，男孩便告辞了。

这则故事中的吴老师就是一个五号性格的人，从他与学生的对话中我们便能看出来。当然，对于他的回答，他的学生并不满意，原本有困惑的男孩更加心情不悦了。的确，五号性格的人是理智的、冷静的，对于别人的遭遇总是表现出一副事不关己的样子，因此，他们会把"我的意见是……""据我的分析……"这样的词汇挂在嘴边。

那么，除此之外，五号性格者在语言表达上还有什么特色呢？

1.开口前先深思熟虑

他们的常用语都是经过大脑再出来的，就像故事中的吴老师所说的这些话，其实他们担心的是因为说错话而被人看出自己在知识上的不足。

2.吝啬知识的传授

这一点，在处于逆境中的五号身上表现得尤为明显。虽然他们是最有知识的，但他们并不是最好的老师，他们喜欢留一手，不会全部教给学生。他们觉得，一旦把自己知道的东西都教给别人了，别人就会抢他们的饭碗。因此，他们的人际关系一般都不怎么好。

3.好评判世界

他们总是扮演着生命的旁观者的角色。在谈论他人的时候，他们总是表现得特别冷静。当然，他们更喜欢躲在家里评判，他们在家里想的东西跟现实是脱离的，而他们恰恰把这种脱离世界的评判当作现实。

以上三点总结出了五号性格者的语言密码，总之，在语言表达上，五号给人的感觉就是理智，不掺杂感情。他们不想让其他人看清自己的内心世界，然而，活在自己世界里的他们与现实世界是脱离的，这也是他们应该认识和改变的。

## 五号观察者的身体语言

生活中，五号思想者被人们称为"隐士"，因为他们非常私密。周末，当我们享受着温暖的阳光时，他们却宁愿把自己锁在家里，关掉手机、拔掉电话线，不想与任何人说话。他们总是避免与社会产生联系，一旦他们不得不参与公共活动，他们就感觉自己好像是透明人一样，他们为此感到很不安。因此，我们不难发现，与五号交往时，他们通常会有一个自我防御和保护的动作——双手交叉胸前，上身后倾，跷腿。

人的性格、情绪、人品都溢于言表，一个人的内心世界也不可能没有外泄的部分，一个人在坐立行走时表现出来的姿态就是很好的表露，只要我们善于发现，然后加以分析，即使"伪装"得再好的人，我们也能发现其破绽。而故事中的琳琳之所以发现对方不适合自己，就是先看清楚了对方的动作——双手交叉胸前，上身后倾，跷腿，以此判断出他是自己不喜欢的五号性格。

那么，五号性格者为什么会有这样的动作语言呢？

五号性格者在很小的时候，就开始封闭自己的内心，他们总是觉得自己曾经受到了某种侵犯，他们内心的秘密曾被人偷走了，于是，在人际交往中，他们采取回避、撤退的措施，他们认为这样能保护自己。外面的世界充满了危险和侵犯性，他们不愿到外面去，宁愿待在自己的城堡里，哪怕一无所获。而在行为动作上，他们便自然而然地想与他人保持一个安全的距离，因为，一旦他人靠得太近，他们就会丧失自己最主要的防护能力。对于自己不喜欢的人，他们会表现出更明显的抗拒动作，你上前一步，他们就后退一步。

另外，在语言表情上，他们的特征是：面部表情冷漠，喜欢皱着眉头，所以很多五号从小就有抬头纹。

在讲话方式上，他们说话不像四号性格者那样抑扬顿挫，他们的语调很平淡，喜欢刻意表现深度，兜兜转转，就连讲故事也没有什么感情色彩。

五号思想者，他们在身体语言上显现的特征，也是由他们的性格特征决定的。他们不喜欢与人接触，喜欢独处，把大部分的时间都花在思考、观察以及一些理论研究上，他们过分保护自我，因此，在身体语言上，他们经常是双手交叉于胸前。了解他们的心理以及他们的典型动作，能帮助我们识别出周围人的性格特征，也能帮助我们更好地与他们打交道。

# 五号性格者的内心真实需求

五号观察者的欲望特质就是追求知识，他们认为，一旦自己没有知识，就没有人爱他们了。另外，我们发现，五号之所以会远离尘世、专注于思维活动，主要还是因为他们缺乏安全感。在他们看来，这个世界有太多他们未曾认识的东西，而他们的自我保护很大程度上依赖于将要发生的一切；同时，内心对人际安全感的缺乏又让他们宁愿独处而不愿意求助于他人，所以，他们便把所有的精神寄托到对某项知识的探究中。

那么，五号观察者的性格是怎样形成的呢？对此，我们要追根溯源，去了解他们的童年时代，最大的可能还是因为儿时他们没有从父母或长辈处得到稳定的感情，他们希望自己能和其他孩子一样被父母抱、被父母呵护，但令他们失望的是，他们并没有得到。久而久之，他们便不抱希望了，他们开始产生恐惧心理，为了获得安全感，他们便开始把注意力放到对事和物的研究上，而不愿意参与与人接触的生活。

接下来，他们的表现也就不足为奇了。遇到问题，他们喜欢问自己为什么，对于自己不明白的问题，他们会以看书、搜集资料的方式来获得答案。逐渐地，他们能从这种获取知识的过程中得到快感，一旦找到了答案，他们内心的孤独感就得到了暂时的缓解。我们来听听下面这位观察者的自我描述：

"我是个单亲家庭的孩子，我母亲是一名医生，平时很忙，所以就把我交给保姆带，在我的印象里，她就没有抱过我。她实在太忙了，每年都有做不完的手术，我可以肯定，她肯定亲过那些生病的孩子，有时候我在想，我生病了，她会不会亲亲我。后来，等我长大了一些，我经常自己走去他们的医院，不过母亲依然没有时间理会我，我只得经常和护士们一起去食堂吃饭。没事的时候，我会拿母亲办公室的骨架玩玩，后来，我居然对这些可怕的东西产生了兴趣，于是，我开始翻看妈妈的那些医书，说来也奇怪，我居然慢慢看懂了，我发现，人真是奇怪的东西，后来，我无意中发现比人的身体更有诱惑力的是人的思想和智慧。再后来，在报考专业的时候，我毅然地选择了心理学，而现在，我已经是一名心理专家了，只不过我更倾向于写心理学著作，而不是与患者们交流。面对现在小有成就的我，母亲终于愿意跟我平等对话了。但事实上，我已经爱上了这一项富有魅力的思考活动。"

从主人公的描述中，我们大致能看出他性格形成的原因——缺乏安全感，进而通过一些思维活动来弥补内心的孤独感。

曾经有位五号性格者对自己的老师说过，他很喜欢研究宇宙运行的规律和人类的行为规律，而当他觉得自己接近了最终答案时，他内心的孤寂感就得到了稍许的缓解。为此，他对知识表现出强烈的探求欲，希望能够洞悉世间所有，从而让自己不至于在遇到问题的时候束手无策。

我们可以推断出，对于五号观察者而言，他们内心的需求是获取安全感，只不过他们对安全感的定义与其他性格者不同，独立的空间和对知识的渴求就能让他们获得安全感。他们宁愿把自己封闭起来，然后开始自己对知识的探索。表面上看，他们好像已经超脱于尘世之外，生活在不同于常人的世界中，其实，这只不过是他们回避现实的一种方式而已。因为在他们看来，外在世界实在有太多未定的因素，不知何时别人就会侵入自己的私密空间；相比暴露于尘世，自我封闭、积累知识才是更为安全的方法。

五号观察者就是这样理性、冷漠的人，所以他们会被人孤立。如果你属于五号性格，你还应该认识到，你的这种性格会引发另外一些问题。其中重要的一方面，就是人际关系，在外人看来，你是冷血的。另一方面，五号更重视思考而忽视了行动，"思维上的巨人，行动上的矮子"会让你失去很多机会。再者，就是内心承受能力上，五号若在自己研究的那些方面做得不精，就会变得自卑，于是哀叹自己怀才不遇。因此，你应该学会参与生命，感受到生命的快乐，才能让你真正获得安全感。

## 五号观察者的心理闪光点

与其他性格类型的人相比，五号是理智的、冷漠的、孤僻的，他们宁愿活在自己建造的城堡里享受着孤独，也不愿参与到外面的世界中来。因此，有人说，五号观察者应该是九型人格中最没有能量和闪光点的人了。实则不然。他们最大的闪光点就在于理智、冷静。当然，关于他们的心理闪光点这一问题，我们也需要从几个方面分析。我们不妨先来看下面这个故事：

"我们已经结婚十年了，我的丈夫是一名研究所研究员。他所有的时间不是在作研究就是看书，家里的家务活他从来不干，即使我生病了，他也不会主动为我做一顿饭。曾经，我对母亲说我想离婚了，因为跟他在一起我感受不到一点温暖。母亲劝我，都有了孩子了，也就将就着过吧。不过最近发生了一件事，让我彻底改变了对他的看法，如果没有他，我肯定都离开人世了。

"那天，天气很冷，我觉得应该炖点汤给他补补。一个人做饭实在太无聊了，我把汤放在煤气灶上，心想睡一会儿再来看着汤，就这样，我去卧室躺了会。可谁知道，过了不到一会儿，我就感觉家里有股怪怪的气味，我起来一看，厨房着火了，我当时吓傻了，而他，似乎也发现了这点，他从书房走出来，此时我已经在用水灭火了，但似乎根本不管用，火势越来越大。他赶紧抓起门口挂着的大衣，过了会儿，他从卫生间出来，把淋湿了的大衣盖在火上，很快，火灭了。我吸了口气，心想，他肯定要骂我，但谁想到，从来不爱说话的他居然安慰我：'人没事就好，下次困了喊我看着汤，多危险。'那一刻，我被感动了。

"事后，我问他：'你怎么知道那样做可以灭火？'

"'你以为我这些书是白看的啊？厨房着火不能直接用水灭，这是常识嘛！'我看到了他眼里的几分得意。不过，他真的比我冷静、理智，这一点我是佩服他的。"

从以上这位女士的叙述中，我们看到了五号观察者的优点——冷静、理智，在遇到突发事件时，他们往往能很快定下心来，找到最佳的解决方法。

当然，五号观察者还有很多闪光点值得我们欣赏、学习，具体来说，我们可以总结一下：

1.认真专注

无论从事什么工作，只要他们感兴趣，他们就会全身心投入，周围的人和事很难影响到他们。

2.不在意物质享受

他们深居简出，也很少关心爱人怎样花自己的钱，只要爱人能给他们时间和空间。因此，在他们看来，金钱的唯一好处就是能够让自己不受干扰，能够购买私密生活，能够让自己有更多时间去学习和追求他们感兴趣的方面。

3.对于感情，始终保持理智的态度

对于他们来说，无论是爱情还是友情，他们都保持着理智的态度。因此，在两性关系中，他们仅需要很少的接触，就能把关系维持下去。五号十分重视朋友之间的礼仪，聪明的朋友不会期待五号当着他们的面流露真情或是在双方关系中表现得主动，他们会把五号当作身边的观察者和建议者。

4.他们的爱情很实在

五号不会说甜言蜜语，也不会做讨好异性的事，这是因为他们不善表达，但这并不意味着他们不爱对方。他们是单纯的，如果爱人说生病了，他们会找来各种帮爱人治病的方法，尽管爱人可能是在骗他们，只不过是希望他们说一句好听的话。

5.自己需要空间和时间，也给足别人空间和时间

他们和其他性格类型的人的不同之处是，无论多么喜欢他人，他们都不会胡乱地付出，而是给足对方足够的时间和空间，因为在他们看来，这两者对于一个人来说是最重要的。而如果他们是老板或管理者，他们的这种高明的管理方式会让员工很自在。

在外人看来，五号观察者就好像苦行僧一样，他们不需要爱，没有任何需求；但事实上，他们有着丰富的内在生活，并且深受他人影响，他们对外在世界也是敏感的，他们渴望获得安全感，这也就是为什么我们看到的五号对感情从来都是忠贞的。另外，我们没有看到的是，他们的理智会让他们免除很多感情的困扰，他们的冷静会让他们专注于工作，所以，我们看到的五号多半都能取得他人无法取得的成就。

# 第 7 章

## 六号忠诚者：敏锐谨慎、焦虑多疑、富有魅力、敢于担当

　　九型人格中，六号性格最大的特点是忠诚，疑心重，容易质疑。他们有责任心、忠诚、可靠，但同时，内心安全感极度的缺乏让他们产生了很强的依赖性，当有朋友或有团队支援他们时，他们就会很自信，能从潜在的环境中寻找潜在的问题。顺境中的六号会放下戒心，容易与他人建立比较密切的关系。一旦与人有了深入的往来，六号就会对对方永远忠诚及守承诺。因此，与六号性格的人打交道，我们首先要做的就是给他们安全感，赢得他们的信任！

# 六号忠诚者的性格特征

九型人格中，第六型人格又被称为忠诚者，顾名思义，也就是他们的性格特征中最明显的就是忠诚。那么，六号为什么会有这样的性格特征呢？因为他们缺乏安全感。不难得出，六号的基本恐惧是：得不到支援及引导，单凭一己的能力没法生存；基本欲望是得到支援及安全感。因此，他们经常在内心对自己说：如果我能够达到他人对我的期望就好了。另外，他们还认同及服从权威，有责任感；面对异己者时，他们容易陷入强忍或攻击的矛盾中，为此，他们常常表现得优柔寡断、行为谨慎。

接下来，我们又会产生疑问，为什么六号面对异己者会有两种完全不同的态度呢？原因很简单，在九型人格中，六号是唯一一个代表两种性格的号码：一种叫P6（Phobic 6），即正6，也称惶恐6；一种叫CP6（Counter Phobic 6），即反6，也称先发制人6。P6什么都怕，无论是逍遥得意还是身处低谷，他们都害怕，没钱时怕穷，有钱了又怕破产；晴天怕紫外线，阴天又怕风湿；没结婚想结婚，结婚了又担心会离婚等。而反过来，CP6则是完全对抗的，他们越是怕什么，就越是挑战什么，并且总会先发制人，怕什么就做什么，怕你骂他们，他们先骂你；怕你打他们，于是他们先打你；怕狗咬就开养狗场；怕水就去学游泳……

一般情况下，六号性格的人是复杂的，在人前和人后，他们会有完全不同的表现。生活中，那些在外面要风得风、要雨得雨的男人回到家见到老婆却像老鼠见了猫一样，这样的男人就是典型的六号；反过来，也有一些男人在外面表现得十分绅士儒雅，回家却经常对老婆拳打脚踢，这样的男人也是六号。当然，一般没有单一性格的六号，都是这两种六号整合在一起的。

其实，无论是惶恐型的六号还是先发制人型的六号，他们所表现出来的行为特征都是他们内心活动的显现：他们渴望获得安全感。他们最害怕的就是被人抛弃、没人支援。关于六号的心理特征，我们不妨从以下这位先生的叙述中进行了解：

"我生活在父母离异的家庭中，跟着奶奶生活，我像个被踢来踢去的皮球，谁也不要，所以，我在很年轻的时候就想有个家，我会照顾好我的老婆和孩子。如我所愿，毕业后，我努力工作，很快买了房，娶了个漂亮的妻子。与她相处，我很害怕因为自己做错事而导致她离开我。这让我经常陷入痛苦中。

其实，现在的生活状态不错，衣食无忧，我有几处房产，有一辆车，我也给自己和家人都买了保险，我看到身边的人买这买那，经常出去旅游，但我就是不知道钱该怎么花。其实，我一直很想买一辆新车，但我又担心人家盯上我，算了，还是开以前的那辆旧车吧。

另外，在工作上，我觉得自己还是适合给人打工。上个月，中华区的总裁举荐我去东南亚的一家公司当总裁，年薪百万，可是我害怕，我万一做不好怎么办？他们会开了我，而现在年薪30万的工作，我觉得我才能胜任。"

的确，六号就是这样极度缺乏安全感的号码，甚至有点患得患失。他们认为，靠自己的一己之力是无法生存的，他们最怕得不到别人的支援和引导。那些需要独自完成、富有挑战性的工作，他们是无法完成的。

那么，他们忠诚的性格是怎么形成的呢？对于六号而言，他们比较认同父亲这样形象高大或者有权威的人，他们觉得获得权威人士的认同、赞美和庇佑就有了安全感。所以，他们对权威人士忠心耿耿。另一种可能性是童年受到过欺骗或者惊吓而造成的。

总的来讲，我们可以将六号忠诚者的性格总结为：忠诚、值得信赖、勤奋；内向、保守、关注事情的内在危险；常质疑当下的人和事，但同时又希望得到别人的肯定和欣赏；经常犹豫不决，对事情通常想得太认真，很在意配偶及伙伴的想法；有时候相信权威，有时候又质疑权威；对人提防，害怕被人利用，常与人保持一定的距离，因此别人也觉得他们不容易相处；常问自己是否有做错事，害怕因为犯错而被责备。

# 六号性格者的语言密码

我们都知道，六号忠诚者的典型性格特征就是缺乏安全感、生性多疑，渴望得到支援。因此，当有朋友或有团队支援他们时，他们就会很自信，既信赖别人，也信赖自己。这一点，我们从他们日常的语言习惯中也能看出一二。如果你生活的周围经常有人说"慢着""等等""让我想一想""不知道""唔……""或者可以的""怎么办"，那么，他多半是六号性格者。他们之所以常用这类"迟疑"的词汇，是因为他们不敢"肯定"，因为"肯定"让他们十分没有安全感！反过来，我们也可以通过这些语言密码识别出一个人是否为六号性格。对此，我们不妨先来看下面的案例：

李进是一家民企的老员工了，他到现在都记得刚开始跟着总经理打江山的过程，那时候，整个公司就几个人，那段日子虽然辛苦，但是有奔头。

如今，公司的规模与当年已经不能同日而语了，每年几千万的销售业绩、上千个员工，这些都是李进当初梦想的情景。可是，李进至今仍只是一名主管，虽然工资涨了一点，但每年公司都会招进来很多人才，面对即将被淘汰的局势，他似乎一点也不着急，他觉得，只要有总经理在就没事。

而其实，总经理也曾经想过提拔他为区域经理，只是他自己太不争气了。

一个周五的下午，总经理忙完了手头的事后，将李进叫到办公室，语重心长地对他说："李进啊，你跟着我也已经十年了，这十年来，你为公司付出了很多，辛苦你了。"

"王总，您看您说的哪儿的话，我在这家公司成长起来的，对它太有感情了，说起辛苦，我还得感谢您一直带着我呢！"李进谦虚地说。

"话是这么说，不过我觉得以你的工作经验，完全可以试着挑战一下自己，上周公司高层开了会。你知道，我们公司的产品主要销往南方市场，公司最近决定开辟华北市场，这是一个很有挑战性的工作，我觉得你有这个能力。"

"呃……让我想想吧。"李进想了半天后还是吞吞吐吐的。接着他又说，"市场投放上面，我该怎么入手呢？如果前期投入了人力物力，我失败了怎么办……"李进又问了一连串的问题。

看到李进的态度，总经理说："好吧，你还继续做你的小主管。"

这则案例中，总经理最后为什么收回了让李进去开发华北市场的任务？因为他从李进的话中看到了他对自己的依赖，一个依赖性太强的下属又怎么能独立完成任务呢？

事实上，我们生活的周围，有很多和李进一样的人，他们很缺乏安全感，总是希望他人能帮自己一把。假如你是他的上司，你想给他一个表现的机会，你问他："你能不能做到？"他会说："唔……"你很急："想什么想，到底行不行？"他会回答："可能可以。"你鼓励他说："你一定可以的。"他会心想："这世上有什么事是一定可以的？"他才不相信。

对于六号性格者的语言密码的分析，我们同样需要从它所包含的两种性格考虑：

1. 对于P6而言

他们说话时的声线是颤颤抖抖的。有些男性六号，他们身材魁梧，而在说话时（尤其是面对自己的妻子或者老板时）却显得中气不足。并且，即使你明确地表达出自己想要讲的话题，他们也会与你兜圈子，久久不入正题。

但如果P6是营销人员，那么，他们的成绩一般都会很好，因为他们很有耐心，这一点是能打动客户的。

2. 对于CP6而言

他们与CP6说话时的声线完全不同，他们说话时故意提高嗓门，然而这样只是为了掩饰内心的不安。

除了以上两点，我们还发现，六号性格者在说话的时候有一些常用语，比如，"慢""等等""让我想想"等。

假如有一个三号领导在现场——众所周知，三号是实干家，是不想浪费时间的，他命令六号："赶紧去执行，不要再想了。"但六号还有一堆疑问等待着问三号，而三号已经不耐烦了。

再者，六号还很喜欢把"我不知道"挂在嘴边。举个很简单的例子，同事问他："订书机在哪儿？"他会马上回答："不知道。"其实订书机他刚刚用过，那么，他为什么要说不知道呢？因为说"知道"太不安全了，而说"不知道"可以起到缓冲的作用，可以等其他的想好了再说。

六号性格者还喜欢问"怎么办"，他们这样问，也是为了缓解自己的焦虑，而假如你能给他一个明确的答复，"去做吧，出了问题我负责"，那么，他们在获得这一"安全协议"之后，马上就找到安全感了。

总之，缺乏安全感这一性格特征在他们的语言表达中尽显无疑，在确保得到支援以前，他们是不会对某一问题下定论的，而正是因为这一点，六号常给人优柔寡断、不能担当大任的感觉，如果你是一名六号性格者，在这一点上应该加以改进。

## 六号忠诚者的身体语言特征

我们都知道，忠诚者的性格不是单一的，惶恐6和先发制人6在行为特征上的表现是完全不一样的。前者对于什么都担心、惶恐；而后者则是对抗的，对于什么都采取先发制人的策略。因此，我们不难推断出，他们的身体语言也是完全不同的。对此，我们不妨先来看一个故事：

小王、小李和小刘是某公司的三个同事，平时关系比较好。小王和小李依旧单身，而小刘最近刚结婚，这一点让小王和小李都很羡慕。从小刘的手机上，他们还看到了小刘妻子的照片——一个时尚美女，他们感叹小刘真是有福气。

这天，下课后，小王对小刘说："一会儿去喝一杯？"小李也附和道："反正是周末，嫂子不会不同意吧？"

"当然不会，我们家我做主，她哪儿敢说半个'不'字！"小王注意到，小刘在说这句话的时候，突然把眼神转走了，双肩不自然地朝后拉了一下。对心理学颇有研究的小王明白，通过测试，小刘是个六号性格的人，而平常，他表现得很大男人，那么，根据刚才他的肢体语言判断，他肯定是在撒谎。

于是，善解人意的小王故意说："要不这样吧，你给嫂子打个电话，好歹通知她一下，不然她担心啊。"

小刘找到了台阶，便赶紧说："你说的也是，那我去旁边打个电话，你们等我一下。"说着，小刘便走开了。

小王将自己心里所想的告诉了小李，然后说："不信咱们去偷听一下，他肯定是个怕老婆的人。"

果不其然，他们听到了小刘的电话内容："老婆大人，朋友们喊我，我不去不大好啊！你放心，我晚上八点之前就回去，周末该洗的衣服我都包了，地板我晚上回去拖，你就答应吧？"两人听到后，笑得前俯后仰。

故事中的小王是怎么判断出小刘是个怕老婆的人的？他观察到小刘在说大话时候的动作和神态——六号忠诚者的性格都不是单一的，人前是大男人，回家后多半都是怕老婆的。而小刘在说话时候，还刻意地挺了挺胸膛，更加证明了这点。

关于六号性格者的身体语言，我们应分为两个方面分析：

1.关于惶恐6（P6）

身体语言：肌肉拉紧，双肩向前弯；面部表情；慌张，避免眼神接触。

　　P6是顺从的，因此，与人交往时，因为处于紧张状态，他们的肌肉会拉紧，双肩向前倾，他们不愿意跟人有语言交流。若你看着他们的眼睛，那么，过不了几秒，他们就会把眼神主动转移到天花板上或者路边的花花草草上。

　　2.关于先发制人6（CP6）

　　CP6是反6。他们的肌肉也是拉紧的。但是，为了掩饰内心的恐惧和不安，他们会有完全不同于P6的身体语言，他们会刻意挺起胸膛，然后瞪大眼睛。他们要传达的信息是：我是厉害的，不要来惹我。所以不难想象的是，他们会从事两种完全不同的社会工作，要么是正义的警察，要么是欺压百姓的黑社会。

　　当然，正如我们前面说过的，很少有完全单一性格的六号，他们的性格多半都是整合在一起的，这也是为什么故事中的小王能判断出小刘在家中的表现——怕老婆。因此，我们也可以推断，六号性格的人在人前人后的身体语言也可能呈现出完全相反的状态。

　　与其他性格类型的人不同的是，六号忠诚者在身体语言上也会因为他们涵括了完全不同的性格而有完全不同的表现：P6肌肉拉紧，双肩向前弯；面部表情通常为慌张，避免眼神接触。CP6肌肉拉紧，刻意挺起胸膛；面部表情通常为瞪起眼睛盯着人。了解他们的心理以及他们的典型动作，能帮助我们识别出周围人的性格特征，进而帮助我们了解如何与他们打交道。

# 六号忠诚者的内心真实需求

六号忠诚者最大的性格特点就是追求依赖、多疑、依附权威而又不服权威。他们的基本恐惧是得不到支援及引导，单凭一己的能力没法生存；基本欲望是得到支援及安全感。因此，他们的内心常告诉自己：如果我能够达到他人对我的期望就好了。这就是忠诚之士的内心真实需求——安全感。正因为其缺乏安全感，让他们在心理上有以下表现：

"即便有人主动亲近我，我也会在心理上保持一定的距离，这样反而让我更有安全感。"

"我认为自己有预见的能力，因为我总是能看到事情最糟糕的一面。因此，常常在发生一些不好的事情面前，我已经作好心理准备了。"

"我承认，我有点多疑，或许别人是真心关心我，但我会本能地想挖掘他们背后的意图。他们为什么要对我好？到底有什么目的？你们别把我当傻瓜，我能看透你们！"

"即使我的妻子经常对我说她爱我，但我还是喜欢考验她，我不一定不相信她，只是想让自己的心更为踏实罢了。"

那么，忠诚之士的性格是怎么形成的呢？

在他们很小的时候，他们曾遭遇过被权威抛弃的经历，他们对权威已经失望了，他们很清晰地记得自己因为强权不得不违背自己的意愿。这种经历一直萦绕在他们的脑海中、伴着他们成长。长大后，他们对于周围的人的行为动机都保持怀疑，这种怀疑的心态让他们感到很不安全，于是，六号性格者可能会选择一个强有力的保护者，也可能站在怀疑论者的立场上对权威提出批判。另外，他们又对权威的等级层次相当不信任。对权威的怀疑，让他们既表现出顺从的姿态，同时又带有怀疑的眼光。但追究起来，这种强烈的怀疑感产生于童年，主要动因就是为了躲避那些有权力的大人对自己的干涉。

我们不得不承认的是，正因为他们这种迟疑不决的心理，让他们在做事时很难做到善始善终。

小陈刚从学校毕业，却总是在换工作。"这已经是我找的第八份工作了。每次，我都满怀信心准备好好干一番事业，可是接下来，我总是会找出所做的这份工作的缺点，比如，我找到的上一份工作是医药销售，刚开始，我听我以前的同学说他们月薪能拿到一万，这让我很心动，不过我也知道要挣钱就必须要辛苦点。我作好了心理准备，但就在去公司报道的前一天，我又听母亲说这行根本没什么前途，一天除了应酬还是应酬，我是个不喜欢应酬的人，想想还是算了。前些天我又想，做点生意吧，不用给人打工，我想倒腾点小饰品，但就在昨天，我算了一笔账，我辛辛苦苦一个月，得找门面、装修、进货等，万一赔了怎么办？哎，还是算了吧，找一个工作安安稳稳上班吧。"

这就是六号性格者常有的心理，他们就是个矛盾体！一方面，六号是渴望成功的，他们也希望自己能成为权威人士、成功者；但另一方面，他们又不想突出自己。刚开始，他们总是有个很好的想法，但在实施的过程中，他们开始质疑自己的决定，他们会在大脑中搜索出很多驳倒现在决定的理由，于是，他们开始变得犹疑、拖延，最终放弃。因此，生活中，我们看到的六号，他们在迈向成功的路上总是那么断断续续，他们做过很多工作，却一事无成。

六号性格者性格犹豫、矛盾、害怕太突出、依附权威又不服权威、容易冲动、不停思考、办事拖延、不断地考察分析、抽丝剥茧等，都是因为他们缺乏安全感。因此，与他们打交道时，如果我们能让他们产生信任感，让他觉得你是值得依靠的，那么，他们便会愿意与你交往。

# 六号忠诚者的心理闪光点

六号性格的人除了具备忠诚这一明显的性格特征外，他们还喜欢用怀疑的眼光看待周围的一切。因为怀疑，他们变得恐惧、变得疲惫，他们在行动前犹豫不决；他们依赖他人，渴望获得他人的支援却又不信任他人；逆境中的六号更是因为对安全感的缺乏而变得焦虑，甚至会产生自虐倾向……但我们不得不否认的是，他们的性格中同样有很多闪光点。关于这一点，我们可以从以下几个方面分析：

1.忠诚

在九型人格中，六号是忠诚者。在中国古代，皇帝身边那些敢于说真话、不怕得罪人的人都是六号，比如魏征。但往往被杀头的也是六号，岳飞就是一个典型的例子。

生活中，假如你有一个六号性格的朋友，你会发现，在你出现危机的时候，他甚至会牺牲自己的利益帮助你。他们还是团队中的好成员、忠实的战士。当他人在为某种利益工作时，他们会为某种理想而工作。

刘祥是一公司部门经理。

一次，他和公司王总与公司肖副总驱车出差。半路上，他们的车不小心和当地一辆车发生了车祸，好在没有人伤亡，但对方仗势欺人，出事后就要过来打架。此时，作为领导的王总自然上来和解，但对方根本不听，几个人上来就把王总打翻在地。肖副总、马副总已经不敢言语了，而刘祥毫不犹豫地挺身而出，不惧被打的危险，勇敢地上前，大声说："请你们理智一点好不好，车祸是谁都不愿意出的事，既然出了，就要解决问题，何况没有伤亡就是最大的幸运！如果打架能够解决问题，就请你们打我好了，别打他。可能是你们觉得问题太小？那请你们把我打死吧！"说完，刘祥做出了一副大义凛然的样子。

对方一看刘祥不怕死的样子，立即被他的勇敢和幽默折服了，于是都心平气和了，找来交警处理，对方也向王总真诚道了歉。从此，刘祥成为了王总最信任的人。

故事中的这位部门经理刘祥应该就是一位六号性格者，他与公司高层领导患难见真情，救他们于危难中，自然得到了领导的信任和重用。危及生命的时候，才是最患难的时候，更是检验友谊、情感和忠心的时候。而作为领导者，谁会排斥这样忠诚的下属呢？

2.愿意为了一个有价值的冒险挑战权威

六号是唯一一个代表了两种性格的号码，对于先发制人6而言，他们是富有挑战能力的，他们可以为了内心的安全去从事一项不需要被社会和他人认可的工作，也愿意挑战权威，去面对打击，尤其是在拥有同伴支持的时候。

3.对爱情专一

六号希望通过婚姻和爱情获得安全感，因此，一旦他们有了爱人或者结婚，他们会全心全意对爱人付出，当然，前提是，爱人已经通过了他们的忠诚考验。下面是一位已婚女人对自己六号性格的丈夫的评价：

"我这辈子作的最正确的决定就是嫁给了他。别看他是一名公司高管，周围也围着很多漂亮的女人，但他懂得与她们保持距离，因为他知道家对他的重要性。他一下班就按时回家、帮我做家务。结婚快五年了，虽然他给不了我大富大贵的生活，但我觉得十分安心，曾经有几个女朋友说自己老公出轨的事，我可以肯定一点，我老公不会。"

4.洞察深层的心理反应

六号人格能够洞察深层的心理反应。他们愿意为了内心的追求去冒险、去牺牲、去忍受痛苦。

可见，六号性格的人的典型特征就是忠诚，他们很有责任心，值得信任，能得到周围人的喜欢。工作上，他们有责任心，但同时，他们也常常很焦虑，对外界充满怀疑。健康状态下的他们能和他人建立紧密的合作关系，以使工作更有效地完成，最佳状态下的他们还是有勇气、有信心的，能激发出自身的很多优点。

# 第 8 章

## 七号享乐者：自由散漫、乐观耐心、
## 多才多艺、缺乏耐心

　　七号性格者被称为享乐者，他们毕生追求的目标就是快乐，他们永远像个长不大的孩子，对于明天总有很多美好的梦想，也有一些不切实际的幻想；做事的过程中，他们显得有些不成熟、不负责任、虎头蛇尾。但是，我们也应看到他们的创新意识和创新能力、他们积极向上的人生态度。他们的这些性格特征都告诉我们，与享乐主义者打交道，我们不仅要为其营造出快乐、轻松的氛围，还应帮助他们认识到梦想的实现还需要经历痛苦，还需要持之以恒，进而让他们发挥自身的优点、帮助他们成长！

# 七号享乐者的性格特征

曾经有人问，人活于世的终极目标是什么？对于这一问题，仁者见仁、智者见智，而如果我们问九型人格中的七号，他们一定会告诉你："当然是快乐。"七号是享乐主义者，他们像个永远长不大的孩子，对周围的一切事物都充满了好奇，他们喜欢投入体验快乐及情绪高昂的世界，所以他们总是不断地寻找快乐。对于七号享乐者的性格特征，我们能从下面这个故事中获得了解：

这天，刚度完蜜月回来后的柳小姐跟朋友在一起聚会，席间，她一直闷闷不乐，大家问她："刚结婚就愁眉苦脸，发生什么事了？"

"哎，说来话长，结完婚才发现，婚姻这事一定要慎重。"

"怎么说？难道你老公不好吗？"

"他好不好我不是很清楚，但他真的不适合我。"柳小姐很无奈地说，"刚认识的时候，我是被他的积极、幽默、风趣打动了。他很善于制造浪漫，像个魔术师一样，总是能把每天的世界都变得不一样，他很吸引我，这就是我们才认识三个月我就答应嫁给他的原因。"

"这不是挺好的吗？"

"事实上，他所有的激情都来自于他完全还是个孩子。他已经三十五岁了，他的大脑里却每天还在想那些怎么追逐快乐的事。他跟我说，他不想要孩子，不想买房子，我问他的打算，他说明天的日子明天过。天哪，我怎么嫁了这样一个没有责任心的男人！他总是一会儿一个样，蜜月前一天，我们都商量好了去哪里，但第二天早上一起来，他又改变主意了。我都不知道他一天在想些什么……"

这里，柳小姐的丈夫就是个典型的七号性格者。七号活泼开朗、精力充沛、兴趣广泛，时常想办法满足自己想要的，爱玩，贪新鲜而怕承诺，渴望拥有更多，倾向逃避烦恼、痛苦和焦虑。不难发现，他们性格中有值得赞扬的地方，但同时，正如张小姐说的，他们缺乏一定的责任感，显得不成熟。对于他们而言，临时的承诺很容易，但是长久的承诺则很难，因为永久会让他们失去无限可能的未来。这一点，无论是对于情感还是对于工作都是如此，他们追求的终极目标是快乐，如果他们工作时感到疲惫了，那么，他们会立即放下手头的工作，转而去做其他能给他们带来快乐的事。当然，他们还有个其他性格类型的人所不具备的能力——他们能同时处理几件事。

那么，七号性格者都有哪些性格特征呢？

乐观、积极；

性格外向，爱交朋友、贪玩；

有探索精神，对自己感兴趣的事会着迷；

头脑灵活、变通，有创意和想象力；

喜欢自由的关系，不喜欢被人捆绑；

保持多种选择，为的是避免对某个单一的事物许下承诺；

讨厌无聊的生活，闲不下来，害怕寂寞；

粗心、虎头蛇尾，没有耐心，尤其是对那些琐碎的事物；

愿意尝试新事物；

放任自己，喜欢我行我素，认为"只要我喜欢，有什么不可以"；

关注自己的感受而忽视别人，很难走入别人内心；

喜欢娱乐消遣，如旅行或同朋友谈天说地；

避免与他人发生直接冲突。

七号享乐主义者的座右铭是变幻才是永恒，他们的追求的终极目标是快乐，因此，他们要新鲜感、追上潮流，不喜承受压力，怕负面情绪；想过愉快的生活，想创新、自娱娱人，渴望过比较享受的生活，把人间的不美好化为乌有。这就告诉我们，生活中，与七号享乐主义者打交道的第一要义就是让他们感受到轻松与快乐。

## 七号享乐者的语言密码

我们都知道，对于七号来说，他们最大的特征即是追求享乐，在享乐面前，他们多半都会表达出自己快乐的情绪。而在遇到痛苦时，他们就会开启屏蔽的系统。生活中，我们听到一些人总是说"管他呢""爽""用了/吃了/做了再说"，这类人多半就是七号性格者。

我们先来看下面一个案例：

王娜今年30岁，身高1.65米，是个美食爱好者，在职场摸爬滚打几年，如今也算事业有成。她在一家外企当市场部经理，每天不得不参加各种各样的应酬场合，渐渐地，她的体重由刚开始工作时的100斤变成150斤了。其实，她之所以这么胖，完全是因为她管不住自己的嘴。

平时，几个女同事一起应酬，其他女同事都说："不敢吃啊，怕胖。"她倒好，一有应酬，她都会饱餐一顿，朋友劝她该管管自己了，她说："等吃完这顿再说吧。"

面对越来越重的身体，她也感到苦恼了，决定减肥。

这天，她又和一个女性朋友一起出来吃早饭。这位朋友买了一杯豆浆，一个菜包子；而她倒好，居然点了十几样，而且每样都是肉。朋友问她："你不是在减肥吗？还吃这么多？"

"那好吧，我不吃总行了吧，我喝豆浆。"于是，她拿起豆浆喝起来，而眼睛却一直没有离开桌子上的各种肉食。后来，她居然趁着这位朋友去洗手间的空当，偷吃了五六种肉食。被朋友发现后，她辩解道："哎呀，不吃东西我怎么有力气减肥呢？"听完她的话，朋友哭笑不得。

王娜就是典型的七号享乐者。在七号看来，自己的一切行为都是正确的，即使外人指出了他们的错误行为，他们也能找出各种理由为自己开脱。所以你会发现，七号的人会远离痛苦，总能让自己到一个快乐的地方去。无论这件事情是不是值得庆祝，是不是可以让他们快乐，他们都会为自己找到一个快乐的理由和一个快乐的借口。

因此，我们不难总结出七号性格者的语言密码：

1.喜欢表达自己的感受

七号是享乐主义者，他们在体验了某种快乐后，也会发表自己的感受。比如，在吃了某种美味后，他们会说："真是爽极了。"玩耍过后，他们也会说"很好玩""不错"等。

2.常表达良好的自我感觉

七号是个典型的人们常说的"自我感觉良好"的号码。任何一点对自身价值的怀疑都能让他们感觉到痛苦，他们更愿意活在想象和对未来的憧憬中。一般来说，人们的自我价值的实现多半有两个途径，要么是努力获得，要么是想象，七号就属于后者。他们会对自己说，"要是我试了，我也能做到""我已经差不多了"。

3.声音清脆爽朗

说话态度与用词不大着意、即兴闲谈式，似在耍乐，也不带有某种明显的目的性，因此，我们在与七号交谈时，会有种很轻松的感觉。

4.合理化倾向

什么是合理化呢？

对于七号来讲，无论现下发生了什么，他们都能接受，并且会用轻松的语言来解释。举个很简单的例子，如果一个七号的手机丢了，他可能会说："丢了刚好，刚好可以买新的了。"再如，如果他已经很胖了，周围的人也开始议论他的身材，他会说："这是有福气的表现，别人想要还没有呢。"

5.说话时常表现出跳跃性思维

七号是跳跃性思维，在与他人交谈时，他们也会表现出这一特点。此刻他还在和你说法国的埃菲尔铁塔有多雄伟，下一秒他就可能和你说到体坛风云，常常"语不惊人死不休"。你问的明明是这一问题，他的回答却完全不沾边，让你丈二和尚摸不着头脑。

七号享乐主义者追求的终极目标是快乐，因此，只要获得了自己想要的东西，他们就可以将其他所有事物抛之脑后。而正是因为这一点，七号常给人一种做事不负责任、没有毅力的感觉。因此，如果你是一名七号性格者，你应该记住，追求快乐、相信自我也应该有个度，过度便是恣意享乐，便是自恋。

# 解读七号享乐者的身体语言特征

九型人格中，七号享乐主义者的性格是外向的、开朗的，他们总是保持着积极向上的态度。他们非常合群，而且能说会道、魅力十足。因此，有人把他们称为社交中的"万人迷"。但同时，他们又是讨厌被束缚的，他们喜欢追随自己的思想，在社交场合，如果你看到一位侃侃而谈、能成功带动周围人的情绪但又总是表现出坐立不安的状态的人，那么，此人多半是七号享乐主义者。关于七号性格者的身体语言，我们先来看一则案例：

老周因为工作表现好，被提拔为人力资源部的主管。最近，公司让他为销售部选拔两名人才，这一点对于老周来说并不是难事，因为他已经做足了各项工作，其中就包括对面试者的性格、心理的研究。

招聘工作很快开始了，经过层层选拔，老周留下了两个人，一个是约翰，一个是杰克。他们学历相当、能力相当，曾经的工作成就也相当，这让老周很难抉择。最终，他告诉他们："两天后，你们来公司开个会，最终选择谁就能见分晓了。"为什么老周把最终抉择时刻放到两天后的会议上？其实，老周另有打算。

老周所说的会议，其实只有他和这两个面试者。会议开始后，老周坐在领导席，约翰和杰克则坐在对面。他先让约翰和杰克做了一些测试题，答案显示，约翰是一号性格者，而杰克则是七号性格者。

接下来，老周开始了自己的长篇言谈，会议进行到半个小时的时候，老周留意了一下他们两人的动作、神态。约翰依然聚精会神地听自己说话，并用笔时不时地记下些东西；而杰克则明显表现出不耐烦了，他不时地扭转身体，两只手不停地在椅子边缘上搓来搓去，表情极其痛苦。

看到这一幕，老周依然不动声色，继续开自己的会，会议到一个小时的时候，老周说："会议结束。"他的话音还没结束，杰克就从椅子上站了起来，显然，他早已经按捺不住了。

第二天，约翰就接到了公司的电话，他被录用了。而杰克则没有。

后来，在和老周一起吃饭的过程中，约翰问："那次你为什么没有选择杰克而选择了我呢？"

"很简单，一个连领导讲话都听不下去的人，又怎么能面对客户的长篇抱怨呢？"

我们不得不佩服老周的智慧。面对两个实力相当的应聘者，他采用了试探法，先让他们做测试题，然后根据两人在会议中的肢体动作验证了测试题的准确性。他没有选择杰克的原因就是杰克是七号性格者，因为，相对来说，这一性格的人并不适合做售后服务工作。

我们都知道，七号享乐者最大的愿望就是获得快乐。与人交往时，如果他们能感受到轻松与快乐，他们便会沉溺其中、津津乐道，向他人讲述各种趣事，让周围的人被自己快乐的情绪感染，此时，他们表现出来的肢体语言是快乐的、开放式的；而如果他们处在让他们压抑的环境中，他们便表现出坐立不安、扭动身体的状态，甚至会在眼神中透露一种痛苦。根据这两种情况下他们的不同的表现，反过来，我们也能了解他们的心理，以调整我们与之交往的策略。

除了身体语言外，七号性格者在面部表情上也有一些特点：大笑或不笑，很少微笑，有不屑的表情，有时瞪眼望人。

总结起来，七号性格者的身体语言是：动作快、开放式，不断转动身体，坐立不安，手势不大。了解他们的心理以及他们的典型动作，能帮助我们识别出周围人的性格特征，也能帮助我们更好地与他们打交道。

## 享乐主义者的内心真实需求

七号性格者追求的终极目标是快乐。他们的基本恐惧是被剥削，被困于痛苦中；而基本欲望是自己得偿所愿，因此，他们常对自己说："我能得到我想要的一切就好了"。与其他性格者相比，他们的童年是快乐的，但也处处充满着规范，限制多多，常常令他们感到束缚和痛苦。因此，七号相信唯有通过追寻自由和快乐才可逃避痛苦、脱离规范。即使长大后，他们的骨子里也保留着童年时对快乐的殷切向往，为了获得快乐，他们可以忽视其他所有事。对此，我们先来看下面三个七号性格者的自述：

"上小学的时候，为了不做作业，我开始撒谎，用尽了各种方法，有时候说课本忘带了，有时说已经做完放在教室了。虽然妈妈还是能发现，但我仍然想撒谎。因为在我看来，放学时间依然被剥夺是一件痛苦的事。"

"小时候，爸爸妈妈规定我做完作业才能玩，即使周末也是如此，这太让我郁闷了，为此，我一个人关上房门，一边做作业，一边找点其他小玩意来度过这段难熬的时间。当然，我玩是不会让爸妈知道的，我不敢在房间里打游戏，不敢玩电脑，只能画画小东西，玩玩铅笔等。"

"有一次，我和表哥在电视上看网球，我被那些网球巨星深深地吸引了，从那以后，我立志要成为一名网球高手，我爱上了看动漫"网球王子"，我收集各种网球明星的海报。后来，我把我的想法告诉了爸爸妈妈，但他们并不理解我，另外，他们居然讲出一堆大道理，说现在的任务是学习、考大学。后来，我又说过几次这件事，他们都拒绝了，我也就不再提了。但我并没有放弃自己的梦想，平时趁着父母不在的时候，我就向表哥借来网球拍，自己研究网球技术，现在我已经是一名职业网球选手了。"

从以上三位七号性格者的自述中，我们大致能看出他们性格形成的原因，在孩童时，他们已经将身边的一事一物都视为规范；长辈们为他们设定各种限制，使得他们不能做自己喜欢做的事，失去自由的感觉。为此，他们不但学会了撒谎、伪装，还学会了如何逃避规范，只要事情不合他们心意，他们便开始本能地动动小脑筋，找出不同的方法去冲破它。不同的七号各自有不同的方法逃避父母的监管。

从他们的童年经历中，我们也能得出，七号性格者最真实的心理需求就是获得自由和快乐。

对于七号性格者而言，他们的本能是寻求开心以逃避痛苦，所以，令他们印象深刻的是那些快乐的事，而那些不愉快的、痛苦的经历则大都被淡忘了。例如，他们会记得过年时用零花钱买烟花爆竹玩的兴奋情节，却已经忘记了被爆竹烧伤手的疼痛；他们会记得逃课和小伙伴们去买零食吃的情景，却忘了被老师罚站在教室门口的悲惨事……七号只会记着开心的事，他们满脑子都是美好的感觉。

可见，七号性格者是快乐的、富有创造力的，他们所经历的人生是多姿多彩的，但同时，一味地追求快乐，也让他们学会了伪装，学会了逃避痛苦，回避渴望、失落和悲剧。然而，一个不愿面对心理弱点的人是无法长大的。因此，有一部分七号性格者，虽然活力十足，经常鼓舞人心且有雄心壮志，但他们缺乏内涵，无法察觉自我心灵层面，于是他们创造各种选择，以避免责任与义务。

另外，七号性格者对自己抱有很大的期望，并且，他们深信自己受到特别祝福，由于他们聪明伶俐，他们大致都能豁免平凡生活中的磨炼与苦难，但正如八号性格者高估了自己的威力而低估了别人的力量一样，第七类型也因过分重视自己的聪明而低估了别人的智慧。

追求快乐是七号性格者的基本心理诉求，为了获得快乐，他们能忽视和放弃其他所有事，他们逃避痛苦、责任，其实，这和他们童年时期被束缚的经历有关。因此，与他们打交道时，首先要做的是就是营造轻松、快乐的氛围，如此，他们便会愿意与你交往。

# 七号享乐者的心理闪光点

我们都知道。七号享乐主义者有些缺点：虎头蛇尾、不愿面对问题、缺乏责任心，他们认为快乐至上，追求变幻，有时让他人觉得无法信任。毋庸置疑，这些都是七号性格者应该改进的方面。但我们也不能忽视，他们身上同样有一些我们应该看到的闪光点。比如，虽然他们像一个长不大的孩子，但他们也是传播快乐的天使。当周围人处于情绪低潮期时，七号总是能用自身的正能量感染他们，让他们也快乐起来。对此，我们不妨先来看一则案例：

"对于我们这帮忙碌的上班族来说，最期盼的就是有个能放松自我的假期。这不，好不容易等来了五一，我们几个好朋友商量好开车去郊外的一个大峡谷玩。其实，这是叶乐的主意，他最爱玩，一到放假，他就闲不住，不过我们也同意了。

"五一那天，我们早早地出发了，但好像天气不怎么好，天阴沉沉的。车子快行驶到山里的时候，天就下起了雨，我一边开车，一边抱怨鬼天气，谁知道，车子一打滑，居然掉进了旁边的山沟里。我们很艰难地从车子里爬出来，雨下得越来越大了，天也快黑了，手机也没有了信号，我们根本无法向外界求救，我的心情坏到了极点：'难道我们要在这恐怖的山林里过夜，还要被雨淋？我们会不会死啊？'"是啊，根本没有人发现我们掉进了这个山沟里。'旁边一个胳膊已经受伤了的朋友说。

"'大家别怕，这雨不可能下一夜，路上我无聊的时候看了下天气预报，应该一会就停了，我们坚持一下。我知道大家很冷，我们来讲笑话啊，我先讲……'叶乐这样鼓励大家，虽然在这样的环境下听笑话显得有点不合时宜，但我们还是被他的笑话逗乐了。说来也奇怪，过了会儿，雨真的停了，手机也有了信号，救援队很快来了。也许叶乐真的是大家的幸运星吧，平时看他一副玩世不恭、只爱吃喝玩乐的样子，他居然在关键时刻带着大家走出了心理的黑暗，我想，以后我要对他改观了。"

故事中主人公的朋友叶乐就是个七号性格的人。在外人看来，七号重视玩乐、不能担当，但在关键时刻，他们常会有令人意外的表现，尤其是善于带领大家走出心理的低潮期。七号性格者，他们总是能看到事物积极的一面，即使遇到困境，他们也会鼓励自己和他人，让大家重拾信心。

当然，七号享乐主义者性格中的闪光点远不止这点，具体说来，还有：

1.积极阳光

生活中，我们难免会遇到挫折、困难，有些人会被挫折打击得一蹶不振，有些人会变得得过且过。而七号性格者则总是表现出积极、阳光的一面，他们能从不好的境遇中找到曙光；同时，他们还能感染身边的人，让他人也产生积极情绪。

2.有趣

无论你是七号性格者的爱人还是朋友，与七号打交道，你永远不会觉得沉闷。他们见识广博，总是有聊不完的有趣话题，他们总能绘声绘色地把你带入他们的有趣的世界中。

3.有活力

无论年纪多大，他们总是散发着青春的活力，他们几乎拥有世界上最乐观的世界观，正因为如此，无论遇到什么，他们依然能积极面对。

4.为了兴趣而工作

在七号看来，对于工作，他们最看重的是兴趣，兴趣会让他们充满能量，他们愿意为一个有趣的项目、一个有意义的目标努力工作，而不是像他人那样为了薪水和个人利益工作。

5.创新意识和创新能力强

七号性格者喜欢创造性的工作，他们讨厌纷繁冗杂的工作，那些有挑战性的工作往往能拨动他们的神经。

在工作单位中，他们总是能提出与众不同的想法，常让人刮目相看。

我们不得不承认，享乐主义者的性格中有很多我们可能忽视的闪光点：尽管他们只在乎快乐，但他们是有活力的，能给周围的人带来正能量；虽然他们做事有点虎头蛇尾，但他们是以兴趣为工作出发点，而不是金钱；他们还有着极强的挑战意识，常常能取得与众不同的成就。发现这些，能帮助我们全面地了解七号性格者，并帮助他们激发出这些优点。

# 第 9 章

## 八号保护者：充满自信、关注正义、 积极好斗、坚定果断

八号性格者被称为保护者，他们愿意保护自己和朋友，积极好斗、喜欢挑战和控制，喜欢压制别人，易造成不必要的纷争，使周遭的人感到害怕。但进化后的八号性格者可以成为出色的领导者，也可以成为他人强有力的支持者。与八号相处的人只能有两种模式：一是做个强者，让他尊重你；一是受他控制，让他保护你，让他觉得很有面子。

# 八号性格者的性格特征

　　八号性格者被称为保护主义者，顾名思义，他们天生对他人有怜悯之心，喜欢充当保护弱小者的角色。在日常生活中，那些喜欢挑战权威和为他人出头的人就是八号性格者，他们公正无私，是天生的主宰者。那么，具体来说，八号保护主义者有哪些性格特征呢？我们可以总结为以下几点：

　　1. 真实、喜欢完全展示自我

　　这是他们与别人建立信任的方式，他们认为这样做能消除人际间的很多未知信息；但他们可能忽视的一点是，这样做，他人就不得不接受某种立场。

　　2. 维护正义，有保护欲

　　他们是绝对不允许自己生活的世界里有弱肉强食的现象出现的。举个很简单的例子，对于一个八号来说，即使是他的父亲和母亲吵架，他也会站在母亲面前，然后朝着自己的父亲吼叫；当办公室里新来的实习生被欺负时，他也绝对不会视若无睹。这是保护主义者的典型特征。

　　3. 天生喜欢权力和控制

　　寻求权力和控制是保护主义者渴望公正的一种表现，他们最关注的也正是这两点。在他们很小的时候，他们就学会了为周围的人和事制定规则，比如，玩游戏时，他们会第一个走出来，告诉大家游戏的玩法；他们很小就学会了当家做主，像个小大人一样。长大后的他们，无论参加何种活动，都喜欢扮演主事者的角色，而不愿意顺从他人。

在工作和事业上，他们渴望获得权力的欲望也是强烈的，他们认为，获得了领导地位，就可以更好地帮助自己和他人、更好地维护正义了。

4.尊重公平的斗争

"我真不明白，他被上司这样批评还不反抗。要是我，早就反驳了，错误又不在他。他真是个懦夫，我不喜欢他。"

"我最不喜欢那些和事佬，他们太没有原则了。对就是对，错就是错，他们却黑白不分。"

"我决不允许自己在不公平面前妥协，大不了一拍两散，没有冲突就不能解决问题。"

以上是八号性格者的一些自述，他们鄙视那些避免冲突的人，尊敬那些面对冲突依然坚持自己观点的人，因为他们觉得自己也属于这样的人。

5.把过度看作克服厌倦的良药

想要让八号性格者下班后规规矩矩回家是很难的，即使他们已经很疲倦；他们还喜欢彻夜狂欢、暴饮暴食……

6.典型的"困难领导者"

越是遇到难题，他们越是能表现出控制场面的才能，越是能直面挑战，最终脱颖而出。

"艾文能当上我们的科长一点也不奇怪，他本身就有领导气场。工作中遇到问题，我们都退缩了，他还能继续钻研。以他的能力，我想以后就是当上局长都不是问题。"

### 7.具有进攻性

公开地、毫不控制地表达愤怒是八号性格者的一种典型反应。因此，生活中，我们不难发现一点，八号常常是那些破坏气氛的人，他们管不住自己的情绪，不顾场合表达愤怒，也因此常常得罪一些人。八号是九型中受挫折最多的一个号码。他们目标坚定，容易撞得头破血流，宁折不弯，哪怕和整个世界对着干。

他们若是对你发火了，记住，这不是他们的本意，而是他们的本能，他们已经养成了这种看似有攻击性的行为习惯。另外，可能你会发现他们是不讲理的，但实际上，他们是在讲自己的理。有人说，八号有一种粉碎世界的力量，不能让别人控制。和他们打交道时，要顺着他们。

从保护主义者的性格特征中，我们不难发现，他们对于外界采取的是极端化的关注方式——"要么全有要么全无"，在他们看来，周围的人要么是强大的，要么是弱小的，要么是公平的，要么是不公平的，没有中间类型存在。当然，这种心理会导致他们把他人和外在世界看得太过绝对，也让他们无法认识到自身的弱点。如果我们与他们打交道，应让他们认识到，充当保护者并不是寻找"安全感"的最好方法，即使帮助他人，也应该施以适当的力量。

# 八号保护者的语言密码

我们都知道，八号性格者的特性是指导者，他们的基本欲望是决定自己在生命中的路向，捍卫本身的利益，做强者，因此，他们有着极强的控制欲望，他们不允许事情的发展不在自己的控制范围内，他们希望周围的人能唯他们马首是瞻，他们扮演的总是领导者的角色。由此，我们不难判断出他们的语言风格——命令、指导式。因此，如果你的爱人是一个八号性格者，你就不要因为他常常不称呼你的昵称而直接称呼你"喂"而感到奇怪了，也不要因为他常常对长辈说"我告诉你"而觉得他不懂礼貌了，这只是他的语言习惯而已。关于这点，我们先来看下面的案例：

李兵是一家外企的人事部经理，最近，因为公司人事调动，人事部急缺一位副总，毫无疑问，招聘的工作就落在了李兵的身上。

经过对简历的一番筛选，李兵发现有个叫张数的人有着丰富的工作经验，便通知他来面试。

见到张数以后，李兵发现，此人果真有大将风度——温文尔雅中带有一些领导者气质，这让李兵感到很欣慰。接下来，李兵决定和他谈谈关于公司人事部的管理问题。

"想必你在管理人事部门这一问题上有很深的见解，你能谈谈吗？"

"那倒是，我跟你说，我曾经……"

他的一席话让李兵有点摸不着头脑，李兵明明希望他谈点经验，他却一直在炫耀自己的功绩。

接下来，李兵说："那你认为我们公司的人员管理体制有什么需要改进的吗？"

"我跟你说……"他滔滔不绝地说了很多，言下之意是公司的管理人员有问题，这让李兵心里很不舒服。以李兵多年的识人经验，他可以断定这个张数是个八号性格的人，他觉得日后工作中要驾驭这样的下属实在有难度，再者，他随时都会对自己的工作产生威胁，因此，为了安全起见，他最终对张数说："你回去等消息吧，若是被聘用，我们会通知你。"当然，真正的结果可想而知。

这则案例中，能力出众的张数为什么最终没有被李兵聘用？因为他的说话方式让李兵感受到了威胁。八号性格者对人对事都有着极强的控制欲，他们希望自己能掌控一切，在与人说话时，他们会不自觉地透露出这种欲望。

另外，他们在语言表达上还有一些特色：

他们喜欢证明自己是有能力充当保护者的角色的，他们会对那些弱势者说："跟我走……"

他们很喜欢居高临下地与人说话，以体现自己领导者的地位，比如，在称呼他人这一问题上，他们常常会直接说："喂……"可能在他们看来，称呼只是个代号，但这样称呼他人难免让人产生一些不被尊重之感。

他们喜欢挑战权威，即使他们与领导的意见不一，即使父母已经告诉了他们最正确的做法，他们依然会坚持自己的想法，因此，他们会反驳："为什么不能？"

工作中遇到难题，大家都已经放弃时，为了证明自己出色的能力，他们是不会退缩的，而是会迎难而上，他们会说："看我的。"

有一个八号性格者，他曾经做过这样一件疯狂的事，当时，他的老师目睹了整个事件发生的过程。那时，他在上小学三年级，放学后，他看到一个五年级的高个男孩在欺负一年级的一个学弟，这个小男孩已经被弄得满身都是泥，害怕得躲在教室的角落里，但这个高年级学生好像还不肯放过这个小学弟。就在这时，已经在窗外看到事情整个经过的他冲到教室里面，拿起讲台上老师的凳子使劲地朝着这个高年级男孩身上砸去，然后他转身走过去对小男孩说："别怕，跟我走。"自此，他明白到，若要避免受侵犯，必须要有权力和体力，就如所有强者一样。

总结一下，我们可以发现，八号性格者的常用词汇有"喂""我告诉你""什么不能去""看我的""跟我走"。其实，我们不难发现，这些词汇都向我们传达了一个信息——他们渴望掌控局面、掌控他人、好充当保护者。为此，与他们交往时，我们不妨适当顺应他们，如此方能获得他们的支持。

## 八号性格者的身体语言特征

在我们生活的周围，你可能认识这样的人：无论什么场合，他们似乎都是交际的中心，他们对人掏心掏肺，他们说话时总是带有很大的动作，并对人指指点点，甚至充满了挑衅……总之，他们给人的感觉就是一个彻底的控制者。他们就是八号保护主义者。反过来，从他们的身体语言中，我们也能判断出他们的性格类型。关于他们的身体语言，我们先来看下面一个销售故事：

陈飞是一名经验老道的销售员，在几年的产品推销的过程中，他学会了察言观色，懂得揣摩客户的性格和心理。目前，他加入了一家汽车4S店，工作还不到一个月时间的他，业绩就超过了很多老员工。他有一套自己的销售方法。

这天，店里来了一位一身名牌的人，大步流星地踱步，看样子是个老板，其他销售人员迎上去，却被他支开了，随后，他一个人在店里闲逛。过了一会儿，他叫来陈飞："喂，你过来一下。"

"很乐意为您效劳。"

"你们店里生意很冷清啊。"

　　陈飞没想到他会以这样的方式开头，便顺着他的意思说："您真是好眼力，一下子就看出来了。实际上，每天像您这样来看车的人不少，可是买的人就少得可怜了。"

　　"那是因为你不懂得怎么推销。"他在说话的同时，左手叉着腰，右手指着一本宣传册，然后继续说："这几辆汽车的性能你都清楚吗？不清楚怎么向客户介绍？"

　　实际上，从以上这名潜在客户的动作中，对心理学知识颇有了解的陈飞已经大致判断出他的性格类型，这类性格最大的特点是同情弱者。于是，接下来，陈飞说："是啊，我们这些销售人员最主要的就是靠嘴皮子吃饭，一个月挣不了几个钱，还得养家糊口，像您这样的大老板，买一辆车太简单了，对于我们来说，可是想都不敢想的事，我们一辈子也存不了一辆买车的钱。所以我们最大的愿望就是客户能高高兴兴买下车。"

　　"也是，你们的基本工资怎么样？"客户问道。

　　"基本工资是有一点，不过那点钱根本不够用啊，您也知道现在什么都涨价，唯独工资不涨。"陈飞发现，他的话似乎奏效了。因为此时客户脸上的表情已经由刚开始时的不屑变成了满脸的同情。于是，他赶紧趁热打铁："对了，您应该是对车很在行的人吧，一进来，就直接看了我们店的几款镇店之宝。"

　　"哈哈哈，在行谈不上，只不过是有一点了解，不过说实话，你们店的价格相对来说还是比其他4S店稍微便宜点，据说售后也还行。你把这几辆车的详细资料介绍一下吧，说实话，我也不知道买哪辆。"

　　听到这句话，陈飞知道，今天又要成功推销出去一辆了。

　　这则推销故事中，汽车销售员陈飞是怎么做到成功推销产品的？

他通过细致入微的观察，对客户的性格作出了大致判断。八号性格者一般动作都比较大，说话时喜欢指指点点，并且，与人交往之初，他们多半是有极强的防御性的，等到他们通过测试确定对方是安全人物之后，他们才会对人掏心掏肺，主动与人交往。这就是这位客户刚开始不愿意让销售人员为自己介绍的原因。接下来陈飞根据八号性格者的性格特征，开始展开心理攻势——服软、充当弱者的角色，最终，在客户的同情心被激发出来后，他便成功了。

我们可以总结出来，爱好充当领导者、控制者、保护者的八号，他们的性格特征在身体语言上也有所体现：手指式，教导式，大动作。当然，我们也不能把这些肢体语言的特征当成判断一个人是不是八号的唯一依据。对此，我们还可以综合考虑其他方面因素，比如，我们还可以根据他们的面部表情和语言密码来识别。综合几个方面考虑，能让我们避免为他人贴上性格标签。

## 八号保护者的内心真实需求

前面，我们已经分析过，八号性格者最大的性格特征是控制，他们的基本恐惧是被认为软弱、被人伤害、控制、侵犯。他们告诉自己：如果我坚强及能够控制自己的处境，就好了。这就是他们的内心真实需求。那么，他们的性格是怎么形成的呢？我们先来看下面几位八号性格者的自述：

"我父亲是个有大男子主义的人，小时候，我经常看到他支使妈妈做这个做那个。有时候，他喝了酒还打妈妈，那时候我还小，不知道怎么保护妈妈。到了5岁的时候，有一次，爸爸又发酒疯了，我很生气，当他准备扇妈妈耳光时，我站了出来，骂他：'你还是不是男人，居然打女人。'我的行为让他们很吃惊，爸爸的手放下了。从那以后，我认识到，原来保护人很有成就感。现在，我认为女性都是弱势的，我更喜欢保护她们，只要她们有困难，我都会帮助她们。"

"还在上小学的时候，因为父母工作调动，我们搬家了，搬到了一个陌生的城市。在刚搬来这里时，那些小朋友根本不和我玩，他们不知道从哪里听来的词，竟然说我是'小蒜头'，因为我长得比较瘦小，他们一看到我就笑话我，我觉得很受伤，可是我不想告诉爸妈。有一次，我看见有个小伙伴被人欺负，就主动站了出来，我还打赢了那个欺负他的人，这一幕被他们看到了。从那以后，他们便对我刮目相看。我认识到，只有成为强者，才能让大家认同我。"

"上中学以前，我都是个乖巧的孩子，做什么事都说凑合，不敢出头。初一那年，学校要组织元旦晚会，我亲眼看到了班长拿着一根胶棒指挥大家唱歌时的帅气，同学们都听他的话，真是酷毙了。我告诉自己也要和他一样，后来，无论班上什么活动，我都努力参加，说来也奇怪，我发现自己好像真的变强大了。到了初三的时候，我的成绩提高了很多，学校的老师一提到我，个个都赞不绝口。到了高中的时候，我觉得自己已经有能力可以控制一切了。果然，高考的时候，我发挥得很好，顺利进入了国内的一所知名大学。我成了学校社团的领导者，很多人对我言听计从，一旦他们违逆我，我就能给出很多让他们退却的见解，我认为我是很有气场的。"

············

从以上三位八号性格的自述中，我们发现，他们性格的形成也与他们童年的经历有关。当他们还是孩童时，便亲眼看到了很多不公平的事，那些强势的人会欺负那些弱势的人，包括朋友被大龄的人欺负，父母双方不平等，等等。每当他们看到这样的场面时，他们很气愤，但幼年的他们却无能为力，于是，在他们心中，便种下了要锄强扶弱的种子。当他们长大后，一旦他们再看到这样的场景，他们就不自觉地想保护那些被欺负的人。

事实上，八号性格者保护自己和他人的方法通常都是激烈的，他们认为强就是强，弱就是弱。弱肉强食，优胜劣汰，这就是他们的世界观。比如，他们通常会采取攻击他人弱点的方式来测试他人，然后，他们看对方有什么反应："他们会不会报复？""当他们遇到强大的压力时，他们是不是会改变自己的故事？他们是会说谎、造假，还是说出真相？"

他们总是在用怀疑的眼光审视世界。他们很少去研究他人的心理动机，而是把精力放到对双方力量的权衡上，会去研究对方的弱点。对方是无辜的，还是有罪的；是朋友，还是敌人；是战士，还是懦夫？

八号性格者的外表都是强硬的，但实际上，他们只是为了保护自己，保护自己从小就处于危险环境中、渴望找到依靠的心。自从他们目睹了很多倚强凌弱的现实后，他们就开始把那份温柔埋葬在心底，再也不愿向他人表露自己的温情。

总结起来，八号性格者之所以喜欢充当保护者，是因为他们想控制自己的生活，而一旦失去了保护者的身份，他们就会感到厌烦和枯燥。他们会选择其他方法来消耗自己过剩的精力，如打牌、通宵喝酒、干扰其他人的生活等。

# 八号性格者的心理闪光点

我们都知道，保护者天生喜欢权力和控制，他们喜欢放纵自己，但事实上，他们很难了解自己内心最深处的希望和目标。他们喜欢对抗、斗争、制造麻烦，让人觉得与之交往很有压力。因此，任何一个八号性格者，都应该努力调整自己、完善自己。当然，我们也不能否定他们性格中的闪光点，比如，他们是保护者，他们追求公平和正义，他们有着极强的领导才能等。对此，我们不妨先看下面一个案例：

"我有个下属，在平时真的挺讨厌他的。我才是领导，但我说什么他都好像故意跟我作对似的，有几次我真的想直接找个借口把他开了算了。不过幸亏我没有那么冲动，因为后来发生的一件事，让我对他的印象完全改观了。

"半年前的一天，我和平时一样来上班，员工们也都到了。这天是发工资的时间，我打电话给会计小张，想让他把这个月大家的工资核算一下，但奇怪的是，电话没人接，我进了他的工位，才发现他根本就不在。我有种不好的预感，肯定出了什么事，接下来我开始打他手机，也没人接。难道他卷了公司的钱逃了？接下来，我赶紧查公司的账户，天哪，真的如我所料，公司账户上的钱都没了。我当时就懵了，我辛苦十几年创下的公司就这么没了？

"无奈，我不得不把员工都叫到会议室，把事情都跟他们说了。在听到公司的状况后，员工们都垂头丧气地回到了办公室，然后接下来，我收到了很多辞职信。我的心情坏到了极点，大脑一片混乱。

"但就在这时，销售部的负责人老杨对那些正在收拾东西要走人的员工们说：'大家听我说一句。我们在这家公司工作的时间也不短了，有些老员工大概也有十年了吧。现在公司有难，我们怎么能袖手旁观呢，不就是一个月工资发不下来吗？我们这个月努力工作，下个月不就能发下来了吗？再者，我们现在去报案，说不定也能找到小张……'当他说完这一番话后，一些员工被感动了，他们留了下来。当然，大部分人还是走了。

"是啊，老杨都没有放弃，我有什么理由放弃呢？我对剩下的员工们保证，如果我们能走出低谷，他们从今以后的工资翻番。

"老杨的能力是有目共睹的，月底的时候，他把业绩表拿给我——他居然创下了公司有史以来的销售新高。他开玩笑地说：'事在人为嘛。'第三个月的时候，公司有了新的突破，就在这时，老杨又告诉我一个好消息，他通过几个亲戚找到了小张，不但追回了大部分钱，还把小张移交到了公安局。看来，我要重新去看待这位我曾经认为除了脾气坏一无是处的员工了。"

通过这个案例，我们可以再次证明一点，八号人格是典型的"困难领导者"，越是面对困难障碍，他们越是表现出对领导权的忠诚，越能脱颖而出，直接面对挑战。故事中的员工老杨就是这样的人，平时工作中，他的确有点趾高气扬、脾气坏，但在公司遇到危难时，他能主动站出来表明自己的立场，并用实力兑现自己的承诺。

当然，八号性格者的心理闪光点还有很多，包括：

1.有爱心

八号性格者虽然看起来大嗓门，给人一种爱挑衅的感觉，但他们的骨子里面是有爱心的，他们愿意去保护身边的人。这是他们身上所显现出来的一些正面特征，也会为他们的工作跟生活带来积极的一面。

2.有正义感

八号也是非常有正义感的一个类型，他们愿意为弱小者出头，愿意挑战权威。他们浑身充满正能量，是天生的领导者，也有很多人愿意追随他。

### 3.慷慨大方

无论是物质还是精神上，他们都愿意为他人付出，尤其是对于朋友，只要朋友有需要，他们绝对不会袖手旁观。

### 4.有勇气，有自信

他们有勇气，有自信，不惧困难，不畏艰难困阻。

### 5.真实

他们最憎恶那些弄虚作假的人，他们不但要求身边的人以诚相待，他们对待他人也是这样，比如，在两性关系中，他们渴望最基础的真实。他们不会在意自己公众形象，总是随心所欲，自然流露出真性情。

八号性格者身上有太多闪光点，比如，自我肯定、自信、坚强、具有权威性、性格主动、愿意保护其他人，并用他们的力量去带领别人。当然，这些优点都是健康状态下的八号才拥有的。因此，如果你是一名八号性格者，那么，你一定要学会自我控制，学会完善自己，那么，你就有可能成为真正的英雄并达成历史性成就。

# 第10章

## 九号和平者：与世无争、包容性强、容易满足、做事拖拉

我们的生活中，有这样一群人，尘世之中的纷纷扰扰似乎与他们无关，他们不喜欢与人竞争；并且，在生活中，他们办事拖拉，不愿意面对问题。他们就是九号和平者。他们的性格特征还有哪些？该如何与他们相处呢？本章讲述的就是九号和平者在顺逆境中的表现、他们的工作事业、他们对待情感的方式、他们的语言模式等。当然，在与九号性格的人交往中，需要足够的耐心，也需要对他们的行为特质进行适当的包容和理解，并帮助他们认识到自己的需要，使之成为健康的九号。

# 九号和平者的性格特征

　　九型人格中，最后一型被称为和平型，这是因为他们的典型性格特征就是爱做和事佬。他们的基本恐惧是失去、分离、被歼灭；基本欲望：维系内在的平静及安稳。他们常常对自己说，如果我身边的人过得好，那么，我也就好了。他们很容易自满；他们不喜欢团队中的冲突，总是试图建立和谐、稳定的关系。当他们不健康时，他们会变得固执、疏忽、没有工作效率等；他们在最佳状态时，能够协调差异，将人们聚集到一起创造一个稳定但有活力的环境。关于和平者的性格特征，我们不妨先来看看九号性格者自身的表述：

　　"我向往的生活很简单，只要生活安宁、心境安宁就好了。我是不是太甘于平淡呢？"

　　"我从不惹事，即使别人攻击我，我也是能忍则忍；我也很少生气，只是摆一张臭脸，将别人气走。"

　　"如果有问题发生，我会尽力不去想，希望过一阵子情况便会转好。然而奇迹通常不会发生。可能我有逃避罪恶感的习惯，如果事情是因为我而起的，我更加不敢去想象。"

　　"我是个很容易知足的人，我没有大的野心，工作对于我来说，只是为了获取生活的资本和自身的尊严而已我不会把太多时间花在工作中，如果让我在家庭和工作中选择，我肯定会选择前者。"

　　"周末的时候，我不喜欢和同事们出去疯玩，而喜欢待在家里，看看电视、上上网、和爱人一起弄点小吃，这样我就觉得挺好。"

"我所在的办公室是个尔虞我诈的地方，我经常无意中看到大家在邮件中互相攻击、打小报告、划清界限。我在想，这些事情真的有必要发生吗？如果大家互让一步，和和气气，事情一早就解决了，工作一早就完成了，犯不着绕这么大个圈子，又增加大家的芥蒂啊！"

从以上几名九号性格者的自我表述中，我们大致能总结出他们的性格特征，具体来说，有以下几个方面：

1.与世无争、甘于现状

九号性格者通常对自己的现状都比较满意，他们不会争名好利，不爱出风头或邀功；工作中，当别人都积极进取的时候，可能他们会宽慰自己："现在这样就挺好的，何必争来争去的呢？"

2.愿意顺从他人而调整自己

人际交往中，假如遇到冲突，他们会选择压抑自己、调整自己，以维持表面的和平。他们认为，冲突解决不了任何问题，只会带来问题，因此，他们更愿意妥协。

3.消极被动、行为懒散

他们很少主动去做什么事，他们的活力靠外在的来源，常需有外在的刺激他们才会动。

生活中的他们经常懒懒的，经常一副无所事事的样子，不是在看电视、睡觉，就是在吃东西。

4.情绪稳定，包容性强

他们不随便冲动，很好相处，给别人平衡的感觉，是人们情绪稳定的中枢。他们是可以信赖的人，善于和难来往的人交往，常能带给人自由。

他们很少会发脾气，很能带给人喜乐，是和平的制造者。

"我们都很喜欢和老刘打交道，在单位十几年，我们几乎没有看到他发脾气，也许他根本没有脾气吧。不像有些同事，根本就开不起玩笑，总把我们说的每一句话都当成恶意的。"

能接受人与人坦诚相见，开放而不自我，能够为他人、为世界付出。不伪装，天真，诚实不狡猾，会重视人，生活在世界像在家一样，能感到自己的个别性。

总结起来，九号和平者的性格特征有：平静、亲切、自制、和善、温和、愿意支持他人，即使对他人有敌意也不会直接表达，冷淡、依赖，同时，还欠缺判断力和主见、自信等。

## 九号和平者的语言密码

我们生活的周围，有这样一群人，他们内心平和、与世无争，但他们办事拖拉，不愿意面对问题。他们就是九号性格者，是天生的和平者，他们告诉自己，只要我身边的人好，我就好。因此，我们不难发现，生活中，他们常常把一些口头禅挂在嘴边："随便啦""随缘啦""你说呢?""让他去吧""不要那么认真嘛"……从这些常用词汇中，我们也很容易看出他们的性格特点。因此，了解九号性格者的语言密码，也能帮助我们识别他们的性格类型。我们先来看下面一个案例：

40岁的老刘是一名中学老师，他是个典型的九号性格者，好像对什么都无所谓的样子。

他和朋友出去吃饭，朋友问他要吃什么，他说："随便啦，怎么样都行。"

后来，到了结婚的年纪，家里父母开始着急了，问他的个人问题，他的回答是："随缘吧。"再后来，经过亲戚介绍，他认识了现在的妻子，家人问他对女孩子的印象，他回答："你说呢？"看样子，从他嘴里，永远问不到一个明确的答案。

儿子开始上小学后，变得调皮、不爱学习，妻子为教育孩子的事头疼得不得了，他倒安慰妻子："让他去吧，儿孙自有儿孙福。"妻子气不打一处来，他一笑了之。

单位新来的小伙子在工作上很认真，经常大家下班后他还在工作，老刘看到后，对他说："年轻人，不必要那么认真吧。"一句话让小伙子丈二和尚摸不着头脑。

老刘就是这样的人，无论做事还是说话，他总是不紧不慢的，总是表现出一副漫不经心的样子。在单位的十几年里，他从来不招惹其他人，即使有人看不惯他，在背后说他的不是，他也会对自己说："算了，随他去吧。"

不过，正是因为这句"无所谓"，在单位的几次大的人事变革中，他都有幸留了下来。有时候，妻子对他说："表面上看你是个碌碌无为的人，其实你是大智若愚呢！"对妻子的夸奖，他的态度依然是："还好还好。"

可以说，故事中的老刘就是个典型的九号性格的人，从他平时的语言习惯中我们已经看出来。其实，生活中不乏这样的人，无论是在工作还是生活中，也无论发生了什么样的事，他们都不会有太多自己的主见，只要周围的人都平平静静、安安稳稳地就好。

除了常用词汇，在讲话方式和语调上，他们也有自己的特点：言谈仿佛没有中心思想；声线低沉、慢。我们永远也不会看到一个九号性格者会像八号一样对周围的人指指点点，他们总是漫无边际地说话，甚至有时候，可能连他们自己也不知道自己要表达什么；他们也不会像三号性格者一样说话大声、声线不尖不沉，他们在说话时的声线是低沉的、慢悠悠的。因此，总体上，他们给人的感觉就是对什么都无所谓的样子。下面是一个妻子对她的九号性格的丈夫的描述：

"虽然我们结婚八年了，但我一直认为我们性格太不一样了。平时，无论我说什么，他似乎都没有意见，这让我很苦恼。我觉得和他连架都吵不起来。经常，我们之间出现的情况是，我气呼呼地骂他，他好像一点反应都没有；若我真的说到了他的痛处，他也不会大声和我对骂，而是小心地嘟囔着，他就是这样一个人，不过可能正是因为他的脾气好，才容忍了我这么多年。"

九号性格者的常用词汇有：随便啦" "随缘啦" "你说呢" "让他去吧" "不要那么认真嘛"……其实，我们不难发现，这些词汇表达的都是九号性格爱好和平、和事佬的特质。生活中，与他们交往时候，我们会感到很轻松、惬意。

## 解读九号和平者的身体语言特征

九型人格中，任何一种性格都有其一定的外在显现，如说话、动作、神态等，了解这些，能帮助我们成功识别他人的性格类型。对于九号和平者而言，他们最明显的性格特征是：甘于现实、为人被动、对生命表现得不太热情。因此，相对于其他性格积极的人，他们在身体语言上的表现也多半是消极的、无张力的、柔软的、东倒西歪的。关于这点，我们先来看一个故事：

"我是一名九号性格者，我很了解自己。我在一家设计院工作，收入也很好，平时基本不需要什么应酬，我觉得这份工作很适合我，安稳简单；而且，我并不喜欢参与竞争，甚至是有点安于现状。

"我今年30岁了，心里一直坚持着我的这个标准——我认为，还是互补性格的好点，所以我告诉自己，不要找一个和自己一样的和平者。我可不愿两个人一到周末都变得懒洋洋的，那样生命就显得太没有热情了。我更希望找一个热情、积极的男人，希望他能感染我。

"看着周围的朋友都已经结婚，说实话，我自己也有点着急，无奈，我不得不加入相亲的大潮中，我并不排斥这种结交异性的方式，也许真的能认识一个和自己很合适的人呢？在我的相亲经历中，有一个男士给我的印象很深刻，后来，我们成了很好的朋友。

"那天，天下着雨，我比预约时间早到了二十分钟，于是，我就选了咖啡厅靠窗的位置坐了下来。我在想，既然都下雨了，那人应该不会来了吧。但事实上，他居然踩着点来了，并且，很有礼貌地跟我打了招呼。

"他给我的第一印象非常不错，这样一个彬彬有礼的男士相信谁也不会讨厌。但接下来，我从他的身体语言中发现，他和我是同一类人。

"他虽然块头不小，但在介绍完自己后，就整个人瘫坐在沙发里，并且，无论我们聊什么，他好像都不大愿意更换自己的坐姿，我想那对于他来说应该是最舒服的。除了刚开始见面时他冲我微笑了一下之外，后面，他就一直呆若木鸡。

"为了使整个谈话的气氛不那么僵硬，我开始主动找话题，我发现，我们惊人地相似。他也说原本准备周末在家做一道小点心、看看电视什么的。他在一家国企干了五六年了，他也总喜欢为他人调解矛盾……

聊到最后，我们都发觉有点相见恨晚。

"后来，我们再联系时，完全没有因为相亲失败而苦恼，相反，我们为交到一个好朋友而高兴。"

古人云，物以类聚、人以群分，性格相似的人很容易成为朋友，故事的主人公和她的相亲对象的结交经历就证明了这一点。她很清楚自己的性格类型，也清楚自己需要什么性格类型的伴侣，因此，在通过观察相亲对象的肢体语言——瘫坐在沙发里和呆若木鸡的表情大致了解了对象的性格后，她发现彼此更适合做朋友。

生活中，我们的周围也不乏这样一些和平者，他们很容易满足、不思进取，他们常常给人一种一担猪油般的感觉，他们也很少像其他性格者一样热情、满脸洋溢着笑容，但这就是九号，他们是九型人格中最懒的一类，他们很迟钝，对周遭世界反应很慢，他们没有把能量放在自觉和自我提醒，也不愿花大力气在内心及外在真实的世界，于是他们逐渐生活在假像及虚幻的世界里。

总结起来，九号性格者身体语言的特征是：柔软无力，东歪西倒。同样，我们也不能把这些肢体语言的特征当成判断一个人是不是九号的唯一依据。除此之外，他们的面部表情、神态、语言密码也是我们应该考察的，综合多方面判断，才能让我们避免为他人贴上性格标签。

## 和平者的内心真实需求

用"和事佬"来形容九型人格中的九号性格者是再合适不过了，对于九号而言，他们的基本恐惧是失去、分离、被歼灭。同样，他们性格的形成和他们童年的经历有某种关系。他们是从小就被忽视的孩子，他们的观点很少被大人听见，别人的需要总是比他们的需要更重要。逐渐地，他们学会忘记自己，学会知足常乐，学会寻找爱的替代品。他们学会了如何维护和平，如何站在中间倾听各方意见，却不知道自己的观点是什么。最终，他们的内心进入催眠状态，他们的注意力从真实的愿望上转移出来。

因此，可以看出来，九号性格者之所以爱好和平与充当调解者，是因为他们认识到他们自己的特权得不到重视，他们只能麻醉自己，分散自己的精力，让大脑把自己忘记，而他们的内心真实需求其实是得到重视。我们先来看下面的故事：

"我是一个七零后，我们出生的那个年代还没有计划生育，我们家有三个孩子，我上面有个哥哥，下面有个妹妹，从小到大，无论是爷爷奶奶还是爸爸妈妈，他们对哥哥妹妹的爱似乎总是多一点。哥哥是长子，比我大五岁，见识的东西也多，学习成绩也很好，他说的话，大人会很在意；妹妹还小，爸妈也很疼她；唯独我，好像可有可无的。

"记得七岁那年的春节，爸妈问我们想要什么礼物，哥哥说想要买一辆山地车，妹妹说想要一件粉色裙子，我的愿望是想要一个排球。最终，他们的礼物都收到了，我收到的却是一个篮球，我不明白爸妈为什么会记错，可能是他们真的不爱我吧。事实上，这样的事情不止一次地发生，他们经常会问哥哥妹妹晚饭想吃什么却不问我；他们会认为我和哥哥一样喜欢黑颜色；他们会让我让着妹妹，无论妹妹有多无礼……后来，我认识到，我在这个家是被忽视的，我也就不再向父母提任何要求了。我想，只要全家人都好好的就行了。

"在后来的成长过程中，我学会了让步。只要是哥哥妹妹喜欢的，我绝不争；他们吵架了，我也会出来调解。

"长大后，我们相继成家立业。我的妻子脾气不怎么好，但无论她说什么，我都不会和她计较。我觉得没什么好争论的，一家人过日子，最重要的就是和睦相处嘛。因此，外人常说我是新时代的好男人。"

从这位九号性格者的自述中，我们看到了妥协性格的成因——童年时期被忽视。在成长的过程中，他们学会了与他人建立和平的关系。

他们拥有超强的附和能力，可以让他们感觉到他人的愿望，他们也愿意与他人一起去实现这些愿望。但事实上，他们表面上的附和并不是发自内心的承诺。但同时，感知到的他人的内心也让他们忽视了自己的愿望。比如，在作决定时，他们会很长时间下不了决心，他们很容易就能发现他人的观点，他们总是能将一个问题的各个方面都考虑到。于是，接下来，他们的内心会产生一个声音，既然各个方面都有优点，那为什么要与大家唱反调呢？在他们看来，感知他人的内心比发现他们自己的观点要容易得多。

另外，即使遇到了挑衅，他们也很少愤怒。而事实上，他们在内心是愤怒的，愤怒的原因不仅是因为自己要迎合他人，更重要的是因为自己没有受到重视。希望得到他人的重视才是他们内心最真实的需求。

九号性格者之所以有妥协、顺应他人的性格特征，是因为他们忘记了自己，忘记了自己才是自己生命的主宰者，而不是他人。当然，对于"是否应该同意他人"的这一困惑，既可以是他们的沉重的包袱，也可以成为有用的工具。之所以说是包袱，是因为内心的真实需求是获得认同而不是妥协，他们会因此而感到痛苦；而说是工具，是因为虽然他们失去了自己的立场，但他们也会因为能与他人产生心灵的感应而被他人所接受。

# 九号和平主义者性格的心理闪光点

前面，我们已经分析过，九号是个矛盾的号码，他们渴望被人重视，但为了获得良好的人际关系，他们宁愿放弃自己的观点，接受他人的想法；放弃真正的目的，去做一些没必要的琐事。他们极易沉迷于食品、电视和酒精。他们对于他人需求十分敏感，往往比常人更了解；对于自己却不确定。但反过来，我们也能看出来他们的性格中的闪光点：他们性格温和、能设身处地地为他人着想、能及时察觉出他人的需求等。对此，我们从以下几个方面进行阐述：

1.平易近人，情绪管理能力强

九号总是让周围的人感到很舒适，无论周围的人心情怎么样、怎样对待他们，他们的表情总是那么稳定，尽管他们内心已经翻江倒海。

2.总是能充当和平的维护者，是优秀的调解员

"虽然我是单位的领导，但总是能让大家信服的始终是老张，这一点，还真的让我有点嫉妒呢！不过，如果单位没有他，估计很多问题就出现了。"

进化后的九号性格者能够成为优秀的调解员、顾问、谈判者，只要方向正确，就能取得好的成绩。他们总是站在中间立场听各方意见，为他人解决问题。这也是人们愿意和他们交往的原因。

3.懂得抑制自己的愤怒情绪

"在我看来，一遇到不高兴的事情就发脾气只会让事情恶化，不能对事情产生任何作用。工作中，我也会遇到一些不怀好意的同事，他们在我背后说我坏话，说我是个笑面虎。我当然生气。但我会告诉自己，他是嫉妒我，何必跟他一般见识呢？其他同事问我，为什么不找那个人理论，我说：'不闻不问就是最好的反击方式。'这就是这

么多年来我在单位人际关系一直这么好的原因。"

在遇到愤怒的事时，九号性格者多半都不会采取直接的表达方式，而是先消化自己的愤怒，然后通过间接的方式表达出来。

第一种方式，就是不作任何选择，不采取任何措施。

第二种方式，对他人的意见不理不睬，不表态。

在九号看来，如果他们作的选择会造成巨大伤害，他们宁愿把一切交给时间处理，即使局势会恶化到四分五裂的地步。

4.附和、认同爱人，无条件尊重对方

在他们看来，对爱人重视、把注意力放到爱人身上是表达爱的一种方式，会帮助双方获得更为融洽的关系。

当他们刚开始与某个人相爱时，他们总是能体贴地关注到对方的需要，他们总是能真正了解爱人，并把爱人的生活方式当成自己的生活方式，这样的亲密关系可以成为让他们在生活中继续向前的重要动力。

当两性关系陷入瓶颈期时，其他性格的人可能会束手无策，九号却能让这种关系维持得很持久。在最初的甜蜜感荡然无存的时候，他们也会习惯性地去保持这段关系。

他们会深情地告诉自己的爱人："不要离开我，我不会反对你。"

另外，九号性格者能够无条件地尊重对方，他们很少去维护自己的形象和地位，可以完全听从对方的意见。

5.在情况清楚、行动明确的环境中，九号性格者可以成为很好的领导者

虽然九号性格者在工作中常表现出动作迟缓、缺乏目标等不足，但在目标确定、有足够时间的情况下，他们是能很好地完成任务并领导下属的。另外，因为他们是出色的调停者，他们能很轻松地解决下

属之间的矛盾。

　　总结起来，我们发现，九号性格者性格中的闪光点有：他们能够提供毫无动摇的支持。他们希望去调停，去维持和平的环境。九号会被他人的生活深深影响，他们能够倾听他人的观点，能理解他人，更重要的是，他们能感受到他人生活中真正重要的东西。

# 九号性格者对待情感生活的态度

　　九号性格者最大的特质是爱好和平，他们最大的基本欲望是维系内在的平静及安稳。与人交往时，他们最重视的是人际关系的和谐，为此，他们可以调整自己以适应他人，对于人际矛盾，他们也会尽力避免。关于他们处理情感生活的方法，我们还是分两个方面分析：

　　1.对待婚姻爱情

　　在择偶这一点上，他们的态度是"差不多"就行，相信缘分，很少去争取。

　　在与伴侣相处的过程中，他们最大的优点在于处处让着伴侣、很少与伴侣争吵，因为他们最大的愿望就是家庭和睦，为了达到这一愿望他们可以妥协，但这并不意味着他们内心真的承认自己错了。

　　2.对待人际关系

　　在与人打交道的过程中，九号是很好的支持者，他们支持他人，并不是希望通过自己的支持让事情朝着有利于自己的方向发展，而是为了所有人都能处于一个健康、和谐的环境中。

　　他们总是希望去调停、去维持和平的环境。因此，健康状态下的九号的人际关系多半都很好。

他们总是那么贴心，他们能够倾听他人的观点，他们无须让自己控制他人，能理解他人。更重要的是，他们能够感受到他人生活中真正重要的东西。这主要是因为他们会习惯性地把自己的立场与他人的愿望相融合。这是九号性格独有的能力。他们总是能够为他人找到开启幸福美满生活的金钥匙。

"我认为大家都很喜欢我，因为我总是能知道他们在想什么、知道他们需要什么，在他们需要倾诉的时候，我能充当很好的倾听者，并给出他们很好的建议；在他们需要帮助时，我能及时为他们解围。"

当然，这并不意味着他们喜欢与人打交道，相反，他们更喜欢一个人待在家里看肥皂剧、上网或者做做美食。他们这样做是为了自己真正的需要，如果你要他们放弃这些做法，他们会采取强烈的保护措施。对于九号而言，让他们放弃某种爱吃的事物，或者放弃看电视的习惯，就意味着放弃了一种可以预见的舒适生活，而这种生活方式能让他们把这种注意力从自己真实的需要上转移出来。

很多九号性格者都为自己的真正需求寻找高层次的替代品。

有一位网站设计员，他有一个自己的梦想，那就是开一家自己的网络公司。然而，如今他大学毕业已经七年了，他还没有为这个梦想做出任何的实际行动。他说，这么多年来，他一直在自己的工作岗位上努力工作，他分散注意力的方法就是去打游戏，这样他就没有时间去关注自己开办网络公司的梦想。虽然他在打游戏的时候觉得很开心，但一旦他停下，他就会发现，原来自己远离了最初的梦想。

在面临选择的时候，九号会常常受到周围朋友的影响。他们常常左右为难，能将计划安排得妥妥当当的人可能就是他们的救世主。一个设计很好的安排，能够让他们放心行动，因为他们听从外界的选择。然而，只要有一个朋友出来阻止或者有其他需要，他们就会改变主意。

　　总之，生活中，九号性格的人给人的感觉一般比较懒散，没有太多的豪言壮志，也没有太强的功利心和欲求。他们只是平静地过着自己的生活，随遇而安，平静自在。

　　总之，九号性格者处理感情的方式可以总结为以下几点：

　　甘于现实、不求调整、为人被动、对生命表现得不甚热衷、有颇强烈的宿命论，因此一切听天由命；强调别人处境的优势；逃避面对身边的人的问题以及面对自己未能有理想的成就。

　　因此，如果我们是九号性格者身边的人，那么，我们要学会看到他们内心的真正需求，鼓励他们积极寻找自我，以使之成为健康积极的九号。

# 参考文献

［1］［美］里索，赫德森.九型人格［M］.徐晶，译.海口：南海出版公司，2013.

［2］马北娟.九型人格心理学［M］.北京：民主与建设出版社，2017.

［3］［美］帕尔默.九型人格［M］.徐扬，译.北京：华夏出版社，2016.

［4］杨心远.九型人格读心术［M］.北京：中国纺织出版社，2013.